U0396929

上海社会科学院重要学术成果丛书·专著

"双碳"目标下推进上海建立市场化生态保护补偿机制研究

Research on Promoting the Establishment of a Market-oriented Ecological Protection Compensation Mechanism in Shanghai under the Dual Carbon Goals

李海棠 / 著

上海人民出版社

本书出版受到上海社会科学院重要学术成果出版资助项目的资助

编审委员会

总　序

当今世界，百年变局和世纪疫情交织叠加，新一轮科技革命和产业变革正以前所未有的速度、强度和深度重塑全球格局，更新人类的思想观念和知识系统。当下，我们正经历着中国历史上最为广泛而深刻的社会变革，也正在进行着人类历史上最为宏大而独特的实践创新。历史表明，社会大变革时代一定是哲学社会科学大发展的时代。

上海社会科学院作为首批国家高端智库建设试点单位，始终坚持以习近平新时代中国特色社会主义思想为指导，围绕服务国家和上海发展、服务构建中国特色哲学社会科学，顺应大势，守正创新，大力推进学科发展与智库建设深度融合。在庆祝中国共产党百年华诞之际，上海社科院实施重要学术成果出版资助计划，推出"上海社会科学院重要学术成果丛书"，旨在促进成果转化，提升研究质量，扩大学术影响，更好回馈社会、服务社会。

"上海社会科学院重要学术成果丛书"包括学术专著、译著、研究报告、论文集等多个系列，涉及哲学社会科学的经典学科、新兴学科和"冷门绝学"。著作中既有基础理论的深化探索，也有应用实践的系统探究；既有全球发展的战略研判，也有中国改革开放的经验总结，还有地方创新的深度解析。作者中有成果颇丰的学术带头人，也不乏崭露头角的后起之秀。寄望丛书能从一个侧面反映上海社科院的学术追求，体现中国特色、时代特征、上海特点，坚持人民性、科学性、实践性，致力于出思想、出成果、出人才。

学术无止境，创新不停息。上海社科院要成为哲学社会科学创新的重要基地、具有国内外重要影响力的高端智库，必须深入学习、深刻领会习近平总书记关于哲学社会科学的重要论述，树立正确的政治方向、价值取向和学术导向，聚焦重大问题，不断加强前瞻性、战略性、储备性研究，为全面建设社会主义现代化国家，为把上海建设成为具有世界影响力的社会主义现代化国际大都市，提供更高质量、更大力度的智力支持。建好"理论库"、当好"智囊团"任重道远，惟有持续努力，不懈奋斗。

上海社科院院长、国家高端智库首席专家

序　言

党的二十大报告指出,"建立生态产品价值实现机制,完善生态保护补偿制度"。建立生态保护补偿机制是建设生态文明的重大内容和重要制度保障,"双碳"已经被纳入生态文明建设整体布局,成为引领新一轮生态文明建设的动力引擎。要实现"双碳"目标的庄严承诺,转变发展方式和低碳结构性变革是核心,降低二氧化碳等温室气体排放是根本。以实现生态产品价值为导向的市场化生态保护补偿,是实现"双碳"目标的必要条件。长期以来,党中央和国务院高度重视生态保护补偿机制建设,尤其是党的十八大以来,把建立健全生态保护补偿机制确立为生态文明建设的主要内容之一。

2013年,党的十八届三中全会提出"实行资源有偿使用制度和生态保护补偿制度";2016年,国务院办公厅印发《关于健全生态保护补偿机制的意见》;2017年10月,生态保护补偿作为新时代生态文明建设重要制度之一,被提升到前所未有的高度。党的十九大报告明确提出,要"建立市场化、多元化生态保护补偿机制";2019年10月,党的十九届四中全会通过的《关于坚持和完善中国特色社会主义制度,推进国家治理体系和治理能力现代化若干重大问题的决定》明确要求,"落实生态保护补偿制度";2020年10月,党的十九届五中全会通过的《中共中央关于制定国民经济和社会发展第十四个五年规划和二〇三五年远景目标的建议》提出,"建立生态产品价值实现机制,完善市场化、多元化生态保护补偿";2021年9月,中共中央办公厅、国务院办公厅印发《关于深化生态保护补偿制度改革的意见》提出,"发挥市场机制作用,加快推进多元化补偿";同年10月,国务院印发《2030年前碳达峰行动方案的通知》提出,"建立健全能够体现碳汇价值的生态保护补偿机制";2022年党的二十大报告强调,完善"生态保护补偿制度",以促进"人与自然和谐共生的现代化"。此外,2021年和2022年《长江保护法》和《黄河保护法》分别制定实施,均对流域生态保护补偿制度进行了专门规定;2023年新制定实施的《青藏高原生态保护法》,对"生态功能重要区域"明确规定了财政纵向生态保护补偿制度。2024年1月,《关于全面推进美丽中国建设的意见》提出,"推进生态综合补偿,深化横向生态保护补偿机制建设"。2024年4月6日,《生态保护补偿条例》出台,这是中国首部专门针对生态保护补偿的基础性、综合性行政法规,标志着中国生态保护补偿开启法治化新篇章,将极大稳定生态保护主体预期。

2022年7月,上海市发布《上海市碳达峰实施方案》,提出"建立健全能够体现碳汇价值的生态保护补偿机制,积极推动碳汇项目参与温室气体自愿减排交易。"近十年来,上海市政府不断完善生态保护补偿转移支付政策措施,持续加大生态保护补偿转移支付力度,生态保护补偿转移支付资金始终保持大幅增长的态势,有效调动了各区生态建设和保护工作积极性,相关工作取得良好成效。一是增强了生态保护地区的财政保障能力,不断加大市对区生态保护补偿力度;二是调动了各区生态建设和保护工作积极性;三是制定本市行政区域内跨流域横向生态保护补偿方案,加快形成"成本共担、效益共享、合作共治"的流域保护和治理长效机制,进一步促进流域水资源保护和水质改善。

本选题孕育于社会各界对如何实现双碳目标以及如何通过市场化生态保护补偿推进生态产品价值实现机制构建的大讨论期。随着生态保护补偿范围的扩大,以政府为主的财政纵向补偿将难以为继。《生态保护补偿条例》的公布,为市场化生态保护补偿提供了重要法律依据。就上海而言,虽然生态保护补偿成效显著,但也亟待拓展更加多元的生态保护补偿方式,因此推进上海建立市场化生态保护补偿,有助于"美丽上海"生态之城的构建。本书较现有成果的独到价值有如下三点。

一是从理论层面提出市场化生态保护补偿机制的正当性理论,继而衍生出对市场化生态保护补偿机制的必要性和正当性研究。同时,通过对有效性的分析得出,庇古型生态保护补偿与科斯型生态保护补偿二者单独都有不足,但二者的结合正是市场化、多元化生态保护补偿机制的价值追求,既考虑社会公平分配,也考虑市场性福利和非市场性福利的全面提高。

二是从实践层面提出上海推进市场化生态保护补偿的法律调控措施,首先应以流域(尤其是跨界流域)生态保护补偿入手,分别从明确生态保护补偿的权利义务主体、生态保护补偿法律标准、生态保护补偿法定方式、生态保护补偿管理机构、生态保护补偿产权法定以及纠纷解决机制等方面完善相关法律法规制度。

三是从重要保障制度的建设层面,提出上海应当引入包括自然资源资产产权、生态产品价值核算、生态资源交易平台、绿色金融,以及生态文化等制度的建立完善与加速推进。此外,还包括应用"区块链"等技术手段建立智能化、数字化的信息数据平台,为上海推进市场化生态保护补偿制度提供数据支持和保障。

本研究主要包括四部分:第一部分,通过对市场化生态保护补偿基础理论的研究,为具体制度的构建奠定理论基础;第二部分,深入分析国内市场化生态保护补偿具体实践并为上海完善市场化生态保护补偿提供经验借鉴;第三部分,从法律制度的优化方面,为构建市场化生态保护补偿机制提供保障;第四部分,从重要保障制度的建设层面,提出上海应引入包括自然资源资产产权制度、生态产品价值核算制度、建立生态资源交易平台、绿色金融及生态文化机制。每一部分层层递进,其中,第一部分为第二、三、四部分的研究基础,为其余部分提供理论指引,第二、三、四部分是第一部分的实践应用,不仅在形式逻辑学上具有正当合理性,同时也易于理论之推理、规律之显现、成果之推广。具体内容包括八个方面。

第一,从理论层面提出市场化生态保护补偿机制的正当性理论。制度层面的正当性研究在我国环境法学界尚付阙如,本书通过对正当性探讨衍生出对市场化生态保护补偿机制的必要性和有效性研究;其中,正是市场失灵、政府失灵及司法失灵导致了环境负外部性。只有推进建立市场化生态保护补偿机制,形成市场、政府、法律、公众多元共治机制,才能最大限度地实现生态保护补偿的价值。

第二,对国内外市场化生态保护补偿机制予以系统梳理,总结生态系统服务付费(Payment for Ecosystem Services, PES)的种类,并分析 PES 与生态保护补偿的区别。PES 履行的正当性基于双方的平等合同。在不侵害第三方利益,且双方或多方有自愿真实的意思表示时,若合同无法履行,且不诉诸私力救济的情形下,才允许公权力介入。而"生态保护补偿"虽然也强调环境外部性成本在双方间的转移,但这种转移并不依据于一种合同式的合意,而是基于社会对公平正义的需要,其背后有道德逻辑作为支撑。二者虽有差异,但其本质核心还是一种解决环境外部性成本如何转移问题的制度工具。

第三,以跨界流域太浦河为例,提出上海推进市场化生态保护补偿的法律调控建议。由于包括上海在内的长三角地区的生态保护补偿实践都存在法律治理不足、多依赖政策驱动以及产权缺失、补偿主体识别难等法律问题。因此,本书提出跨界水源保护生态保护补偿权利生成、基本构造与法律属性、权利救济等基本理论,试图对现有生态保护补偿法理研究起到一定补强作用;同时,通过分析跨界生态保护补偿权利义务主体、法律标准、法定方式等要素,明确涉水产权法定、水权交易、绿色金融等制度,推进上海市场化生态保护补偿区域立法的同时,加强上海在长三角饮用水水源保护的引领作用,推动长三角生态环境治理一体化。

第四,提出推进上海建立以"生态银行"为主的交易平台。上海生态保护补偿主要体现在政府补偿领域,对市场化生态保护补偿的探索较少,而市场化生态保护补偿的前提应当是产权清晰。上海乃至全国大多数省(市)市场化生态保护补偿的研究与实践进展相对缓慢,主要原因在于自然资源资产产权不明晰。因此,本书提出,通过做好生态资源统一确权登记、明确自然资源的国有资产属性和合理用途、丰富自然资源使用权权能以及整合建立统一的生态资源交易平台等,为上海市场化生态保护补偿的完善和加速推进提供重要前提。

第五,推进上海建立生态产品价值核算和实现机制。近年来,上海围绕打造生态之城的目标指引,积极探索符合上海超大城市特点的生态产品核算方法及价值实现机制,大力发展"生态+"创新业态,突出技术创新和市场机制构建,激发生态产品价值实现的市场活力,取得了生态产品价值实现的明显进展和成效,形成了上海特色。但是在生态产品价值核算方面,还有待继续探索和实践。具体而言,生态资源价值核算机制的建立需要从核算内容、核算路径以及核算方式等方面入手,以促进上海市场化、多元化生态保护补偿机制的发展和完善。

第六,推进上海建立海岸带蓝色碳汇交易机制。海岸带蓝色碳汇作为一种重要的增汇机制,可有效缓解目前较为严峻的全球变暖趋势。上海市大陆自然岸线总长约 26 786.2 米,占总岸线长度的 12.57%。虽然上海对海岸线提出严格保护、限制开发和整治修复的方案,对海岸带实施了严格的保护措施,但仍面临人工岸线不断增长、自然岸线不断减少的问题。大力开发海岸带蓝色碳汇项目,通过引入市场交易机制,保护和恢复海岸带蓝碳生态系统,不仅有助于推动上海建立"卓越的全球城市",更有助于我国"双碳"目标的加速实现。

第七,推进上海建立生态保护补偿绿色金融保障机制。绿色金融制度的完善,可为市场化生态保护补偿提供充分的融资需求和资金保障。上海作为国内最大的金融中心,在绿色信贷创新、绿色债券信用管理、绿色基金升级、绿色保险指数分类以及碳交易市场活跃度等方面表现突出、成效显著,为地方绿色金融体系的建设提供了有益经验。但同时,上海绿色金融发展仍有很大潜力亟待激发。建议上海将绿色金融纳入上海国际金融中心建设行动战略,不断完善绿色金融顶层设计,健全绿色金融法规政策体系,彻底释放绿色金融发展潜力,为全面促进绿色金融高质量服务于"人与自然和谐共生现代化国际大都市"的打造提供有力保障。

第八,推进上海建立生态保护补偿相关生态文化保障机制。全社会生态文化的推进和建设,可以促进社会公众"自下而上"形成一种主动理解、践行、并积极推动生态保护补偿机制的社会文化和风气,以推动"美丽中国""美丽城市"建设。生态文化是社会发展到一定阶段的产物,特指人类在实践活动中以"人与自然和谐"的价值观为引导,保护生态环境、追求生态平衡的一切活动。生态文化涵盖范围广泛,包括精神、物质、行为和制度四个维度,是一种逐层递进、相互融合,在功能上相互依赖、互相补充,各种元素集结而成的功能系统。生态文化制度的健全,对生态保护补偿制度的建设和完善起到重要促进作用。

本书在写作过程中,尽管进行了大量理论与实践探索,以及详细和充分的调研与论证,以期为上海市场化生态保护补偿制度的构建提供可行且合理的法规政策依据,但囿于诸多因素限制,论述中难免存在疏漏和不周之处,敬请各位专家、学者和同仁批评指正!

目　录

第一章
市场化生态保护补偿机制的理论渊源

　　生态保护补偿作为生态文明制度的重要组成部分,近年来已受到各级政府、各个市场主体和社会组织的高度重视。党的十九大以来,市场化、多元化生态保护补偿更是被提到新高度。尤其是 2020 年习近平总书记宣布"2030 碳达峰""2060 碳中和"的宏伟目标之后,市场化、多元化生态保护补偿更需要深入研究和广泛应用。尽管国内外已有很多市场化、多元化生态保护补偿的典型案例,但对于其制度的学理探讨以及法理依据仍需进一步拓展和完善。本章主要从市场化生态保护补偿的前提、政府与市场的关系、主要原则与运作机制等方面进行阐述和探讨,进而分析市场化生态保护补偿的正当性、必要性和有效性,继而从法哲学角度对该制度进行分析和探讨。

第一节　市场化生态保护补偿机制基本概述

　　市场化生态保护补偿主要发展和成熟于国外,最常用的是生态系统服务付费(Payment for Ecosystem Services, PES)(Laxmi et al., 2014)、补偿减缓(Compensatory Mitigation)(Priddel et al., 2014)或者生物多样性补偿(biodiversity offset)等。为解决较为复杂的生态环境问题,需要采用通常涉及多种方法的复杂解决方案。适用于环境保护的传统政策工具从指挥和控制到经济激励措施不等。在 19 世纪 80 年代,生态系统服务付费(以下简称 PES)作为最新的保护政策工具出现在最前沿,该工具旨在解决生态系统服务估值不足的问题。目前,在世界范围内生态系统服务的概念尚无共识,但是 PES 对于旨在以经济手段保护或增强生态系统服务,尤其是有关生态系统服务付费的政策制定者而言,非常有价值。为了更好地理解 PES 的内涵,首先需要明白生态系统服务和生态系统服务价值的概念,进而区分国内生态保护补偿与 PES 的联系与区别。

一、市场化生态保护补偿之前提——生态系统服务价值

生态系统目前并没有形成统一的定义标准,但一般都指"家庭、群体或者经济组织从自然资源中受益"(James and Spencer,2007)。2005 年联合国资助项目"新千年生态评估"报告一共界定了 24 种具体的生态系统服务①。尽管门类繁多,但是减缓气候变化、流域服务和生物多样性保护是其中最有价值的三个。生态系统服务概念和范围的讨论对于生态系统服务价值的估算意义重大。生态系统服务的概念,最初被认为是一种用以证明生态系统功能的扰动如何对人类的关键服务产生负面影响的工具,但很快被学术界和政策制定者所采用。将支付作为一种基于经济政策的理念被采纳为一种必然的实用工具,将生态系统服务的价值纳入了决策过程,并将这一概念整合到基于市场的机制中,以解决大多数生态系统服务所带来的外部性问题。

（一）生态系统服务

"生态系统服务"是一个包含"自然生态系统及其所属物种帮助维持和

---

① 具体包括以下形式:食物生产(农作物、牲畜、捕鱼、水产养殖、野生食材)、纤维(木材、棉花、麻、丝)、遗传资源(生化药剂、天然药物和药品)、淡水、空气质量管理、气候调节、水调节、侵蚀调节、水净化和废弃物调节、害虫调节、授粉、自然风险调节和文化服务(包括精神、宗教和审美价值、娱乐和生态旅游等)。参见"Living Beyond Our Means: Statement from the Board of the Millennium Ecosystem Assessment"。

实现人类生活的一系列条件和过程"的概念(Gretchen Daily et al.，1997)。生态系统提供的服务对于维持地球上的生命，以及对人类福祉和经济发展至关重要。沃尔特·威斯特曼(Walter Westman)于 1977 年首次尝试为生态系统服务价值分配数字；20 世纪 90 年代，格雷琴·戴利(Gretchen Daily)将生态系统服务定义为"自然生态系统及其组成、维持和满足人类生活的物种所处的条件和过程"。2001 年发起并于 2005 年发布的《千年生态系统评估报告》(MEA)将生态系统服务的概念定义表述推向高潮。

有学者在对环境服务市场进行的先驱性审查中，将 PES 定义为"在有环境服务的买卖双方的任何情况下"(Landell-Mills and Porras，2002)。斯文·伍德(Sven Wunder)将 PES 描述为"自愿交易，当且仅当环境服务提供者确保环境服务条款提供时，环境服务买方才从环境服务提供者那里购买定义明确的环境服务"。根据伍德的说法，拥有 PES 计划必须具备五个条件，即自愿交易、明确的服务、买方、卖方、有条件的。而罗尔丹·穆拉迪安(Roldan Muradian)等认为该定义是基于科斯定理的，并不反映正在实践的大部分 PES(Muradian et al.，2010)。因此，理论与实践之间的不匹配导致了一个有缺陷的概念。穆拉迪认为，从买方的角度来看，交易不是自愿的，环境服务的设计不充分，发展中国家的许多情况都无法满足附加性标准。因此，建议将生态系统服务定义为"社会参与者之间的资源转移，其目的是创造激励措施，使个人和(或)集体土地使用决策与自然资源管理中的社会利益保持一致"。由于几种方案都属于这一类别，因此可以根据经济激励的重要性、转移的直接性以及环境服务的商品化程度将它们进行分类。

还有学者认为，生态系统服务的概念可以描述为保护或改善以提供服务为条件的生态系统服务的积极动力。以积极激励为主要特征的 PES 与其他采用强迫或消极经济激励来驱动行为的政策有所不同。该政策的最终目标是解决大多数生态系统服务所共有的环境正外部性问题，因此旨在保护或增强正受到其外部性特征威胁的这些服务的提供者。由于在世界范围内正在实践的许多 PES 都不是服务提供的条件,或者是由于实际交付量难以衡量,因此条件是该政策最具争议的特征。但是,条件对于 PES 的定义至关重要。否则,政府资助的 PES 和补贴之间将没有区别。此外,由于该政策的目标是保护或增强生态系统服务,而没有尝试证明交付的真正机制,因此没有任何手段可以确保该政策是有效或高效的(Ruhl and Salzman,2020)。

正如稀缺性在给定资源的财产权益的发展中发挥着作用一样,稀缺性也是生态系统及其提供的服务评估中的重要组成部分。将生态系统服务与财产和财产价值联系起来的另一方面是它们通常具有的局部影响。某些生态系统服务既可以大规模受益(例如通过湿地缓解洪灾),也可以在全球范围内受益(例如碳保留)。有时在地区级税收或水附加费中,用于流域保护和由此产生的水过滤服务的资金将直接用于征地,这可能会发挥作用。

(二) 生态系统服务价值

市场化生态保护补偿或生态系统服务付费实际上是生态系统服务价值的转移(邵莉莉,2020)。1997 年罗伯特·科斯坦萨(Robert Costanza)在《自然》杂志发表文章,评估每年全球生态效益的价值为 33 万亿美元,几乎占全球生产总值(GDP)的两倍(Robert Costanza,1997)。2014 年,罗伯特·科斯坦萨与其他团队合作,对全球生态服务的价值予以重新评估。此次对统计方法稍作修改,同时使用更加精确的 2011 年数据,报告显示,每年生态服务价值约为 125 万至 145 万亿美元之间(Robert Costanza et al.,2014)。

生态系统服务价值具有多维性特征,其经济价值通常使用所谓总经济价值(TVE)进行估算,包括使用价值和非使用价值。尽管术语可能略有不同,但经济学家将价值归类为:直接使用价值;间接使用价值;期权价值;非使用价值。前三个通常称为使用价值。直接使用价值包括消费性使用的商品和服务,例如食物、木材、水等,或非消费性使用的商品和服务,例如娱乐和文化活动等。间接使用价值包括调节服务,如碳固存、水过滤、空气净化、气候调节等。期权价值是人们出于道德原因对保护自然以供自己或他人(或继承人)将来使用的价值,可能包括提供、调节或文化服务等。非使用价值,也称为存在价值或被动使用价值,是与使用无关的那些价值,包括通过简单地知道某物存在而分配给某物的价值,即使从未使用或体验过该资源或场所。

(三) 生态系统服务付费

国外市场化生态保护补偿主要是指生态系统服务付费(PES)。从经济角度讲,PES试图将自然系统产生的正外部性内部化,从而确保为提供服务的土地所有者的积极行为创造动力。在某些情况下,PES可以为土地所有者创造额外的收入,同时也在一定程度上推动土地管理更加绿色和可持续。但是,PES只能适用于自然系统提供价值的一小部分内容,导致价值、期权价值和许多公共物品利益通常不在PES机制的范围之内。

目前,PES机制主要分为三大类。一是自愿性生态系统服务付费。生态系统服务的受益人同意补偿土地所有者从事维持或加强生态系统服务的活动,例如保护生物栖息地。如果生态系统服务受益人不同意交易,也不会受到法律法规制裁。二是补贴性生态系统服务付费,主要指公共财政补贴用于奖励土地管理者增强或保护生态系统服务的能力。买方是代表公共利益行事的公共实体,不一定是生态系统服务增强或保护的直接受益者。例如哥斯达黎加PES项目,该计划向土地所有者支付减少森林砍伐或植树造林活动的费用,以增强防洪、水质或其他生态系统服务(Daniels,2010)。三是履约性生态系统服务付费。面临监管义务的缔约方为维持或增强生态系统服务或商品的活动补偿其他各方,以换取满足其缓解要求的标准信贷或补偿。主要包括水质交易、湿地缓解银行以及欧盟的温室气体排放权交易计划。由于购买服务是为了符合法规要求,因此该机制更具稳定性。此外,PES还有其他特定机制和领域(见表1.1),但其共同之处都是为生态系统服务提供者创造一定经济收入,以更大程度激励生态系统服务的保护和恢复。

表 1.1　国际主要 PES 机制

PES 类型	涉及领域	主要资金来源	激励或强制
流域生态系统服务付费 (Payment for Watershed Service)	流域、水资源	公共资金	激励
流域内回购(Instream Buybacks)	流域、水资源	个人协议	激励
交易和抵消(Trading and Offsets)	流域、水资源	信用交易	强制
一对一协议(Bilateral PWS)	流域、水资源	个人协议	激励
湿地缓解银行(Wetland Mitigation)	生物多样性	个人协议 信用交易	强制
生物多样性减缓 (Biodiversity Mitigation)	生物多样性	个人协议 信用交易	强制
资源生物多样性抵消 (Voluntary Biodiversity Offsets)	生物多样性	个人协议	强制
强制森林碳交易 (Compliance Forest Carbon)	碳	抵消交易	强制
REDD＋资金机制(REDD＋Finance)	碳	公共资金	激励
自愿森林碳(Voluntary Forest Carbon)	碳	抵消交易	激励
可认证商品(Certified Commodities)	各个领域	认证与标准	激励

资料来源:作者自制。

生物多样性生态系统服务减缓,主要通过"异地补偿"("抵消")的方法确保其没有遭受任何净损失。就涉及领域而言,该领域发展最不完善,对国家而言也最具挑战性。与水生态系统服务不同,因为对于水环境系统而言,获得清洁水和免受洪水侵害的对象是直接的、且具有本地属性的,而生物多样性的受益者常常分散开来,其具体利益是间接的或非实质性的,也不存在可为受益者收取费用的机构(如自来水公司),并且通用指标难以确定。因此,只有部分国家采用了生物多样性 PES 计划,最成功的倡议依赖于监管驱动力。抵消的实际做法是有争议的,因为非政府组织不愿支持破坏生境进行所谓"抵消"。

合规的湿地缓解项目得益于强有力的法规,这些法规同时也得益于各行政部门的严格执法,但是该领域的透明度最低,缺乏相关交易或项目的实施数据。据估计,全球每年交易额为 82.5—84 亿美元,这表明在追踪付款方面存在一定困难(UN,2020)。在少数发达国家(例如美国和德国),合规性生物多样性的抵消和缓解仍然是重要的保护机制,但是该制度的优越性并未明显扩散到其他国家。非洲没有完全由合规驱动的 PES 业务计划。虽然欧洲理事会通过了 2020 年《生物多样性战略》,呼吁欧盟"确保没有及时丧失生物多样性和生态系统服务的零净损失",但法规未按时出台,欧盟委员会似乎更倾向于采用自愿而非监管的方式。联合国也类似地支持强制性补偿以支持自愿性计划。因此,对强制抵消合规机制比较担忧的国家,将继续支持自愿方法(IEEP,2016)。

湿地缓解银行业务与红树林服务特别相关,每年的交易额估计为 36 亿美元。但是,几乎所有的增长仅发生在湿地是最大的栖息地类型的国家中,例如美国、澳大利亚、加拿大和德国。此外,出于自愿目的,该湿地缓解银行业务也在马来西亚和北马里亚纳群岛引入,目前正在哥伦比亚进行试点。在发展中国家,由许可证持有人负责的缓解措施(受影响方或分包商的缓解措施)是最常见的遵从选择。但是,许多国家(包括巴西、喀麦隆、中国、哥伦比亚、埃及、印度、莫桑比克和南非)允许开发商进行补偿,而不是"抵消",抵消通常用于公共部门或非政府组织的保护项目。

缓解银行承担了"异地补偿"(即"抵消")开发商的风险。某些特定组织和机构开发栖息地以容纳特定物种,然后从监管机构获得信贷,这些信贷可以出售给开发商,以抵消或减轻其项目对物种及种群的危害。大型的缓解银行可以在设计、维护和监控方面实现规模经济,进而使受到保护的区域范围更大,由受许可方负责的缓解项目可以提供更好的生态效益。一个有效的减缓系统需要完善的立法、对合规性的监控以及严格的执法。尽管市场规模很大，但很难找到已经得到有关绿色金融支持的相关项目。与碳交易市场相比，目前只有相对较少的组织机构参与缓解银行项目有关的市场基础设施及服务工作（例如经纪、会计服务和标准）。

（四）生态保护补偿与生态服务付费概念之异同

从第一次在国内提出，并逐步在学术界、政府公文表述中形成"生态保护补偿"统一表述，已经历了三十多年的发展。虽然在有些法律或政策文件中，还有其他相类似的表述，例如《中华人民共和国森林法》将其表述为"森林生态效益补偿"[①]，但是在《中华人民共和国长江保护法》[②]《中华人民共和国海洋环境保护法》[③]《中华人民共和国水污染防治法》[④]《中华人民共和国环境保护法》[⑤]以及2024年新公布的《生态保护补偿条例》等法律法规中，均将其明确表述为"生态保护补偿"。严格来讲，"生态保护补偿"主要协调生态系统保护者和生态系统利用者之间的利益关系。虽然也有学者认为"生态保护补偿"应从广义理解，既包括"生态利用者对生态保护者予以补偿"，也包括"对生态破坏者予以惩罚"（刘健和尤婷，2019），但新公布的《生态保护补偿条例》已经明确规定，"生态保护补偿"是指通过财政纵向补偿、地区间横向补偿、市场机制补偿等机制，对按照规定或者约定开展生态保护的单位和个人予以补偿的激励性制度安排。生态保护补偿可以采取资金补偿、对口协作、产业转移、人才培训、共建园区、购买生态产品和服务等多种补偿方式[⑥]。根据该定义，生态补偿的范围仅包括"对按照规定或者约定开展生态保护的单位和个人予以补偿"。因为"对生态破坏者的惩

---

① 参见《中华人民共和国森林法》第七条。
② 参见《中华人民共和国长江保护法》（2021）第七十六条。
③ 参见《中华人民共和国海洋环境保护法》第三十五条。
④ 参见《中华人民共和国水污染防治法》（2017）第八条。
⑤ 参见《中华人民共和国环境保护法》第三十一条。
⑥ 参见《生态保护补偿条例》第二条。

罚"属于生态损害赔偿的范围,从理论上讲已经突破了平等主体间的民事法律关系,而是一种行政法律关系(史玉成,2019),不属于生态保护补偿的范围。

国际上相对应的概念则是生态服务付费,本书认为两个概念的表述存在差异,但核心内容都是指某种以实现环境外部性成本在主体间转移为目的的社会制度工具。同时,两者在使用语境、概念外延上存在一些差异。本书将对这两种表述的内涵及外延分别进行系统梳理,认为分别表述可以较好地还原语境,减少歧义。国际上对"生态服务付费"概念的界定还是围绕生态服务的商品属性和可交易性展开。"生态保护补偿"和"生态服务付费"两者是否可以在概念上等同起来呢? 若排除"生态服务付费"和"生态保护补偿"两者在具体施行过程中的差异(例如,融资方式因具体实施二者会有不同),两者在内涵上有着相同本质,均指以生态系统的服务功能为基础,通过制度工具来调整生态系统服务功能的提供者与受益者之间的利益关系。但是,是否可将国内习惯的学术表达"生态保护补偿"和国际上的"生态服务付费"等同起来? 本书认为,如果直接等同起来或者替换使用,会有不妥。原因如下:

第一,一般情况下,两者使用的语境不同。在英文文献中,"生态服务付费"概念是围绕"生态服务"这一概念所建构的。虽然学界对这一概念的界定还存在争议,但普遍认为生态服务付费是一种市场工具,至少是一种类市场或平行市场。通过概念发展史的梳理,发现"生态保护补偿"这一表述是我国特有的,其概念是围绕"补偿"这一概念展开的。不同于生态服务付费,生态保护补偿主要是通过财政支付转移的政府补偿方式来实现,市场补偿方式并不完善。我国学术界、政府官方文件长达数十年坚持使用"生态保护补偿"的表述,没有直接借鉴国际通用表达这一事实,能够很好地说明二者的适用语境有所不同。但是目前,无论是我国政府部门还是学者,都意识到市场化生态保护补偿的重要性,因此着力探索和建设市场化、多元化生态保护补偿,便是借鉴了国外生态系统服务付费的理论和实践。

第二,两者的概念外延也不同。从两者的概念上看,"生态服务付费"履行的正当性基于双方平等的合同,也即一种契约关系。在不侵害第三方利益,且双方或多方有自愿真实的意思表示时,如果合同无法履行,且不诉求于私力救济的情形下,才允许公权力对履行予以介入。而"生态保护补偿"的概念表述,虽然也强调环境外部性成本在双方之间的转移,但是这种转移并不依据于一种合同式的合意,而是直接基于社会对公平正义的需要,甚至可以很明显地看出其背后有较强的道德逻辑作为支撑。故,由于表述不同,在概念的外延上也会产生差异。

虽然有差异,但是生态保护补偿制度和生态服务付费制度,其本质核心都是一种解决环境外部性成本如何转移问题的制度工具。在此内核范围内,两者有着很多共同点。但是某种学术概念的形成,一定会随着其实践的发展在概念外延上产生变化,对于其相应的语境予以尊重,更有益于其含义的完整、读者的交流理解。类似的做法在法学学术史上不曾少有,例如,"毒树之果"和"非法证据排除原则"核心内容是相同的,但普通法系和大陆法系的学者还是习惯于分开表述,正是为了语境的完整,避免歧义。

二、市场化生态保护补偿的主要原则及重要保障

虽然生态保护补偿已成为推进我国生态文明建设进程的重要内容,也是现代环境治理体系的重要手段和方式,但是目前我国市场化、多元化生态保护补偿还处于初级发展阶段。随着对生态保护补偿具体理念和实践的深入研究和不断实践以及生态保护补偿范围的日益扩大,生态保护补偿的资金来源渠道和途径需要进一步拓展,以往以政府财政转移支付为主的生态保护补偿,由于其资金来源有限、难以实现"造血式"补偿以及难以调动市场和社会各界的力量等因素,制约了生态保护补偿向生态产品价值实现机制的升级和转换。因此,亟须建立和完善与我国绿色低碳发展相适应的市场

化、多元化生态保护补偿机制。而市场化生态保护补偿的基本原则和运作机制的明确，是推进上海建立市场化、多元化生态保护补偿机制的重要前提。

（一）市场化生态保护补偿的主要原则

市场化生态保护补偿的基本原则，是体现生态保护补偿价值、指导生态保护补偿实践、贯穿生态保护补偿始终的重要基础。结合 2024 年 4 月 6 日公布的《生态保护补偿条例》，市场化生态保护补偿原则包括以下方面。

第一，公平原则。公平又称正义、公正，三个词的内涵是统一的。公平正义是法律制度的首要价值。法律上的公平，关注的主要问题是对基本权利和义务或者利益的分配。市场化生态保护补偿的公平原则，就是按照"谁保护，谁受益""谁受益，谁补偿"的准则，对为生态环境的保护和改善付出成本或者增加支出的"保护者"，按照特定标准和方式进行补偿，以弥补其损失，并激励更多主体参与生态环境的保护和改善行动。也即，公平原则是要明确生态系统服务利益相关者之间的权利和义务。

第二，效率原则。市场化生态保护补偿是绿色高质量发展的重要举措，因此要满足效率的要求，更要将效率作为价值追求。效率就是收益大于成本。但是这里的收益，不仅限于经济收益，而是包含社会、环境与经济效益的统一；不仅是个人收益，还包括人类整体的利益。那些能给个人和集团带来利益，但会使社会总利益减少的生产活动，是不符合市场化生态保护补偿原则的。效率原则要求将生态系统服务的价值纳入绿色发展体系。纳入的途径可以分为两种：一是作为生产要素，使其成为生产成本的一部分；二是作为满足人类需要的生态产品，通过生态消费予以体现，如生态旅游等。

第三，政府与市场相结合的原则。市场化生态保护补偿，并非不依靠政府主体的完全市场化。因为就目前而言，我国的政府生态保护补偿仍然占据很大比重，而且从资金规模、补偿力度上讲，政府补偿仍然占据重要地位。而且政府在制定规则、统筹协调、监督评价市场化生态保护补偿等方面起到重要作用。因此新公布的《生态保护补偿条例》对财政纵向补偿作出明确规定,并对其转移支付方式、补偿的分类、地方政府分类补偿制度、重点生态功能区转移支付制度、以国家公园为主体的自然保护地体系生态保护补偿机制、资金的用途等内容加以规范①。但是,市场化生态保护补偿更具活力,是真正的"造血式"生态保护补偿,《生态保护补偿条例》也对拓展生态产品价值实现模式、市场化生态保护补偿的类型、生态产业发展、生态保护补偿基金的建立等作出明确规定②。因此,政府与市场化生态保护补偿二者应相互配合、缺一不可。

第四,协商原则。主要指无论市场主体之间、还是政府主体之间、抑或政府与市场主体之间,在生态保护补偿的具体实施中,均可根据各利益相关者的具体诉求、综合考虑相关因素,通过协议、磋商的方式达成共识,以实现各方利益均衡。《生态保护补偿条例》在第三章"地区间横向补偿"中明确规定,"各级政府间通过协商等方式建立生态保护补偿机制",还对签订协议应当明确的主要事项、需要综合考虑的各项因素、补偿资金的用途与发放、不履行协议的协调方案、续签协议的相关规定等予以系统规范。③虽然新颁布的《生态保护补偿条例》仅在"地区间横向补偿"章节中规定了协商原则,但是该原则其实也贯穿于市场机制补偿中,例如碳排放权、排污权、用水权、碳汇权、生态产业发展、持续性惠益分享机制的建立等,均需通过平等协商的方式达成共识。

第五,坚持普遍性与特殊性相结合的原则。市场化生态保护补偿机制不仅适用于生态保护补偿领域关于补偿主体、补偿标准、补偿方式、补偿救济等共性问题,还应兼顾不同自然生态系统(森林、草原、湿地、水流、荒漠、

---

① 参见《生态保护补偿条例》第八至十三条。
② 参见《生态保护补偿条例》第二十至二十四条。
③ 参见《生态保护补偿条例》第十四至十九条。

海洋、耕地等)和各类重点区域(重点生态功能区、自然保护地等)及各种市场化生态保护补偿的方式(生态产业化、资源开发补偿、水权交易、碳汇交易、绿色标识、绿色金融等)的特殊性。例如,流域生态保护补偿和荒漠生态保护补偿,虽然在补偿原则和理念方面有一定共性,但是由于二者涉及的领域不同,所以补偿标准、方式等大相径庭,需要具体问题具体分析。

(二)市场化生态保护补偿的重要保障

市场化生态保护补偿机制运作的关键在于生态保护产业化和产业发展生态化,将生态保护和产业发展紧密结合。同时,市场化生态保护补偿与非市场化生态保护补偿的主要区别在于其资金的来源不同。市场化生态保护补偿的资金主要来源于社会和企业,而非政府。政府虽然在生态保护补偿中仍然承担重要作用,但并非唯一的资金供给主体。市场化生态保护补偿主要在于建立一个竞争性的市场,从而作为纽带连接利益相关者,使其能进行直接联系,在相互明确生态系统服务的市场价值基础上,实现双方补偿。目前而言,国内外有广泛实践的市场化生态保护补偿类型,包括资源开发补偿、排污权交易补偿、水权交易补偿、碳汇交易补偿以及绿色金融和绿色标识等配套制度的建立。以上类型的市场化生态保护补偿均需要完善的法规体系、健全的评估机制及智能化的数据信息平台予以保障。

第一,健全完善的法律法规体系。市场化、多元化生态保护补偿的主要保障机制是使其法治化。只有通过法律明确规定各方的权利、义务以及需要承担的法律责任,才会对市场化生态保护补偿各参与主体的行为予以有效约束和保护,同时也有健全的纠纷解决机制作保障,可免除相关主体的后顾之忧,调动更多市场主体的积极性,从而激发市场活力。新近公布的《生态保护补偿条例》,是生态保护补偿法治化进程的重要里程碑,标志着市场化、多元化生态保护补偿机制的运作可以真正做到有法可依、有法必依、执法必严、违法必究。

第二,健全的生态保护补偿评估机制。对于生态保护补偿运行效果的定期、合理的评估,可对生态保护补偿政策制定提供新思路和方向,亦可以为生态保护补偿机制的进一步完善提供重要参考,并及时调整和修改现有制度、政策、标准的不足,以保证生态保护补偿机制更好的运行与发展。对于评估机制的建立,应当包括评估标准、评估方法以及评价指标的选择等。

第三,应用区块链等技术手段建立智能化、数字化的信息数据平台。首先,对于市场化、多元化生态保护补偿机制的预测和研判,需要掌握及时的信息和准确的相关数据,建立可共享、及时、智能的信息平台,有助于相关政策的调整和制定,也可为有关市场化生态保护补偿价格的确定提供科学基础。其次,市场化生态保护补偿建立的重要前提是自然资源资产产权的确定,而区块链技术本身的可确权、去中心化、可溯源等属性正好符合生态保护补偿市场机制建立的要求,因此可以考虑将区块链技术运用到市场化生态保护补偿领域。最后,绿色金融作为生态保护补偿市场化机制的重要保障,也是目前亟须加强和重视的领域。结合区块链本身不可篡改性的技术优势,可以为生态保护补偿市场化项目提供信贷、基金、抵押等绿色金融支持。

第二节　市场化生态保护补偿机制的 正当性与必要性

生态系统服务在生态、地理和经济上比市场上交易的任何其他种类的商品或服务要复杂得多。我们对其结构和功能之间的动态关系的了解还处于起步阶段,并且相关知识的欠缺是识别和促进许多生态系统服务的障碍。此外,各种生态系统服务之间可能存在紧张关系,其中某些服务的生产率提高可能与其他服务的交付相冲突。一个典型的例子可以从基于大规模单一种植园的碳固存项目中得出。尽管该项目确实可以固碳,但它对生物多样性也会产生不利影响,并为增加病虫害创造了机会,这些病虫害可能由于增加使用农药而影响水体和土壤。尽管如此,我们还是需要对市场化、多元化生态保护补偿的正当性和必要进行制度分析和讨论,以验证该制度工具对生态系统服务的重要保障。

一、市场化生态保护补偿机制正当性研究

相对其他社会科学更加保守的法学,为了保证最低的社会试错成本,对于社会不断出现的新问题,都会首先考虑如何用现存的法律原则和规则、法律制度和工具、法律概念术语来适用和解释。国际社会关于 PES 的基础理论研究从提出到发展完善,已经历了 50 多年历史。其基础理论经历了一个多元化发展的过程。国内有关生态保护补偿阐述的理论模型主要有生态资本理论、公共物品理论、外部性理论等主流学说(任世丹,2014)。[①]“在作为公平的正义中,正当的概念是优先于善的概念的”(罗尔斯,1988)。罗尔斯的《正义论》将正义的讨论置于社会制度中,引起巨大反响和诸多学者的反思。生态保护补偿的伦理学基础,是对于该制度建立在何种伦理学基础之上的拷问。

制度层面的正当性研究在我国环境法学界有所缺失,有诸多原因。首先,当考虑到健康生态系统对于维持生命和福利至关重要时,我们想知道为什么理性的人类会有意识地采取行动,采取导致环境恶化和生态系统服务丧失的措施。造成这种行为的原因是我们对生态系统服务的结构和功能及其复杂性缺乏了解。另外,人类并不总是理性地做出反应,并且为了避免将

---

① 参见任世丹:《重点生态功能区生态保护补偿正当性理论新探》,《中国地质大学学报(社会科学版)》2014 年第 1 期。在该文中,作者提出有关“防止损害”和“增进利益”行为难以界定的问题,进而推导认为外部性理论作为生态保护补偿一般正当性理论,难以为重点生态功能区生态保护补偿提供正当性支撑。笔者认为,“防止损害”和“增进利益”行为难以界定,只是让建立在“外部性理论”之上的生态保护补偿制度,因无法界定补偿主体而导致生态保护行为成本无法内部化,从而缺失了“有效性”支撑。同时,因为该种制度无法解决环境保护成本内部化问题,不符合“功利主义”最大化福利的原则,继而也失去了正当性。

来的损失,在当前做出让步和牺牲是很困难的。可见,应对环境问题的政策和工具,往往具有一种"兵来将挡、水来土掩"的特质,才能保证其较高的时效性,这确实分散了不少学者的研究注意力。其次,本书认为制度工具的伦理学研究应当遵循一种事后解释论的方法,而不是纯粹顶层设计的产物。所以,它不是一种纯粹形而上的逻辑演绎,而是在经验迭代中找寻其存在依据。这些感性材料并不是事先就有的,而是等到制度工具发展到一定阶段,才能提供丰富的成功案例和试错样本。即,生态保护补偿正当性基础并不是伴随着它的产生而产生,应当是事后人们赋予的(曹明德等,2021)。

二、市场化生态保护补偿机制必要性研究

市场化生态保护补偿机制的必要性探讨也是验证该制度工具对生态系统服务的重要保障。必要性探讨主要包括环境负外部性及其产生原因,包括公共物品、市场失灵、政府失灵及司法失灵等。此外,还有针对这些问题的应对之策。

(一) 环境负外部性及其产生原因

公共物品是指那些共同享有的物品。一个人使用它们并不排除其他人使用它们。因此,它们被认为是非竞争性和不可排他的消费。相反,在被一个人使用时却排除被其他人使用的商品(即在消费中可以排他并与之竞争的商品)通常称为私人商品,由市场或准市场过程分配。也有一些商品是排他性的但相互竞争,而某些商品是排他性的但在消费方面是无与伦比的。用于家庭、农业、工业目的和鱼类等商品的取水在使用中往往是竞争性和排他性的,而用于娱乐、审美目的或野生动植物栖息地的取水在很大程度上是无与伦比的和不可排他的。然而,水的质量可能是排他性的,但在消耗量上却是竞争对手,因为尽管没有人可以防止享用干净的水,但一个人消耗的干净水可能会阻止他人使用(Stefanie et al.,2008)。

大多数生态系统服务的公共物品特性使它们同时受到过度消费和生产

不足的影响。1968 年，著名的生态学家加勒特·哈丁（Garrett Hardin）创造了"公地传统"的美誉。哈丁在其关于社会和公共物品过度开采性质的著作《下议院的交易》中解释说，个人为了自己的利益行使，或者为了最大程度地提高个人收益而过度利用公共资源，最终导致集体遭受灾难。然而，与生态系统服务相关的最常见问题是 J.B.鲁尔（J. B. Ruhl）所说的"生态系统服务的悲剧性将导致生产不足的情况，因为缺少了奖励对生态系统服务的自然资本进行投资的机制"。在这种情况下，商品和服务的受益人或购买者没有动力向供应商付款，因为一个人采取的行动或承担的成本将使其他人利益受损，从而导致主动或尝试"搭便车"的行动。反过来，提供者也没有动力提供这些生态系统服务，因为这样做并没有得到相应回报。这种可能导致这些服务生产不足的奖励不足，被经济学家称为"外部性"（Ruhl et al.，2007）。

"外部性"（externality）概念的提出是来自英国剑桥大学的马歇尔和庇古。根据经济合作与发展组织（OECD）对于"环境负外部性"的定义，"环境的负外部性是一个经济学概念，是指当因生产或消费中对消费者效用和企业成本产生的一种未被补偿的环境影响，并且这种效用和成本上的影响置于市场机制之外"。外部性可以分为正外部性和负外部性。一种特定活动的生产者或消费者不承担全部污染成本或其他形式的环境退化的情况，即为负外部性。环境污染和生态破坏是负外部性的典型例子。与负外部性相反，正外部性导致"对公共物品的保护，不能得到充分的收益或报酬"。例如，森林提供了多种生态系统服务，包括固碳、气候稳定、水过滤和生物多样性栖息地等。这些服务都不是有偿的，也没有确切的市场价值，因为它们主要是公共产品。相反，诸如木材和农产品之类的东西都是需要改变土地管理的活动，它们具有市场价值。由于缺乏产权或其他法律手段要求支付所提供的服务，市场通常无法为这些服务支付报酬。因此，政府介入纠正了这些"市场失灵"，并确保这些公共物品的供应。反过来，政府也有自己的制约因素,例如预算赤字、高昂的交易成本、知识的有限性以及官僚主义等。环境负外部性存在,就会导致市场价格失真,最后造成市场经济的无效率。与法学家将解决环境问题的思路建立在权利和义务的基础框架上不同,经济学家将环境恶化的原因概括为成本和收益、价格和稀缺性等要素。当这些要素并没有有效的关联并运转时,环境问题的产生则归咎于市场失灵和政府失灵等方面(曹明德等,2021)。

1. 市场失灵

罗杰·帕尔曼(Roger Perman)等学者认为,环境的恶化可以归咎于市场的慢性失灵致使无法内部化环境的负外部性,以及"搭便车"的存在导致了生态服务的公共物品属性。外部性理论被认为是某一类环境问题恶化的根本原因,具体到生态保护补偿制度,就是通过某种手段将环境成本从生态服务提供者一方转移到生态服务享受者一方。帕吉奥拉(Pagiola)认为,因为生态服务(ESs)是一种公共物品,换言之,也因为通常市场的缺失而导致这些利益不会被付费,最后导致了环境外部性,所以市场的失灵是普遍的,且社会对于生态服务的供给也会系统性缺乏(Pagiola et al.,2002)。不少学者都认为,生态保护补偿制度的设计初衷是为了解决"市场失灵"导致的某一类环境问题(Pearce and Turner,1990)。产权缺失和市场竞争不足,是市场失灵的主要原因。

第一,产权缺失或产权不安全。正常市场机制运转的前提是明确、可转移、安全的资源、产品或者服务产权。市场能够有效对资源进行配置,主要是生产者和消费者最大化自身利益的理性驱动。即,成本投入和利益产出直接决定了利益的大小。如果产权缺失或缺乏排他性,就会降低市场对该资源保护的投资兴趣,进而导致资源的不效率配置。同时,如果产权虽明晰可流通,但面临财产会被随时剥夺的风险,也会降低再投资与流通的可能性,进而导致市场失灵。

第二,无市场或者市场竞争不足。环境资源或者一些相关概念,并不存在市场;或者市场不具有竞争性而无法有效地运转,也被称为薄市场(thin market)。对于不存在市场的情况,任何企业无需事先购买河流或空气产权就可排放污染物,导致这些企业的生产行为只能反映出劳动和资本等相关成本,而消耗的自然资源并不会成为其成本的一部分,进而导致资源的过度使用。对于市场竞争不足的情况,部分生态服务付费市场就属于典型范例。下游流域购买上游流域水自净化的生态服务。但是由于地域和流域的地理特征,其生态服务提供者和购买者数量相对较少,也就不存在市场竞争。市场运作环境的有效性,应当包括多元化的提供者和竞价参与者。如此单薄不具有活力的市场,也会导致市场失灵。即,市场失灵是产生环境外部性的核心原因。

2. 政府失灵

外部性导致环境问题的核心,是"私人成本和社会成本之间的分歧"。从整个人类社会角度来看,当私人行为的成本和社会成本之间发生冲突时,最广泛、最直接且最有效的方法,是利用公权力机关的力量来解决纠纷。但是,政府也并非万能。由于政府集中决策和政治制度所决定的决策过程,政府在干预经济时存在一定的局限性。市场解决不好的问题,政府未必就一定能解决得好(周清杰和张志芳,2017)。例如,在工业革命后,人类的某些生活生产行为已经从微不足道的个人行为,发展成骇人听闻的环境公害事件。如果政府不能很好地限制负外部性的产生和溢出,就会发生政府管控的失灵。

诺贝尔奖获得者科斯教授曾言:"没有任何理由认为,政府在政治压力影响下产生的不受任何竞争机制调节的有缺陷的限制性和区域性管制,必然会提高经济运行的效率⋯⋯直接的政府干预未必会带来比市场和企业更好的解决问题的结果。"(科斯等,2004)对于"政府失灵"的理解,应建立在"市场失灵"的前提之下。其背后的逻辑基础是,市场工具在解决问题时对于政府干预具有优先性。而在一些问题面前,政府具有当仁不让的义务,此时市场是否具有优先顺位性,需要具体分析。社会在解决环境负外部性问题的时候,就是一个很好的例证。假设一个工厂对大气和水体排放污染物,如果跳出经济学假设的理论框架,从具体实践着手,就会发现这类行为首先会被置于政府的管控之下,而不是市场工具。例如予以罚款、责令整顿等管控措施,都是社会在内部化环境成本下的首选措施。但是这些措施势必会消耗一定的社会成本,例如执法成本、监督成本等;企业自身也有违法成本的考量,如果企业认为违法风险足够低,也会选择继续排污。此时,政府的管控措施往往会无效,也即"政府失灵"。而创设一个市场允许企业间排污权交易这类措施,更像是"政府失灵"后通过市场工具来补救的一种方式(曹明德等,2021)。从政府与市场的关系看,政府在经济中的角色是有边界的。社会对市场机制和政府规制进行选择的基本原则就是要用其所长,避其所短。如果市场机制运行顺畅,资源配置高效,就应由市场主导资源配置;当市场由于不完全竞争、公共物品等原因出现运行不畅时,政府机制就可以成为矫正手段的一种理性选择(周清杰和张志芳,2017)。

3. 司法失灵

如果将污染行为理解为一种侵权行为,就很容易将环境负外部性行为与司法产生关联。根据科斯《社会成本问题》一文中的论述可知,如果将产生负外部性的行为界定为侵权,通过司法审判惩罚行为者,就可将其行为的负外部性内化。在普通法系,犯罪被理解为一种产生大量社会负外部性的行为。不同于大陆法系对于犯罪行为惩罚正当性的理解是建立在道德准则体系之上的,普通法系对于国家的行刑权正当性解读是建立在负外部性之上的。如果某个暴力犯罪对社会产生了巨大的负外部性,但是这种外部性无法转移至该行为人而内部化,则会导致行为人不考虑相对较低的犯罪成本,铤而走险追逐巨大的非法利益,进而怂恿更多此类犯罪行为。在环境治理领域,将部分污染行为界定为侵权或者犯罪性质,则是司法在转移环境负外部性成本的具体表现。

环境司法是国家生态环境治理的重要组成部分,近年来其在发展进程中突出强调的"绿色司法""环境司法专门化""鼓励环保组织依法开展环境公益诉讼""法院与检察机关、行政机关的联动"等,均潜移默化地影响着当代环境法治的运行轨迹和进化趋势,并使生态环境治理的运作模式呈现"多元主体互助、多种方式整合、多维诉讼并举、保护弱者利益"的整体性态势。这与生态保护补偿中生态产品价值充分实现和生态功能全面优化的"优美"生态环境相互呼应,更是当下中国社会发展部署中对公众利益保障与普遍社会需求之间关系的法律层面回应(史一舒,2023)。但是近年来也出现了一些司法失灵的法治困境,例如,环境损害本身具有的长期性、复杂性和生态性等特点,导致环境司法案件存在举证难、鉴定难、审理难和执行难的困境,亟须寻求符合实体正义和程序正义的司法救济。

(二) 环境负外部性问题之应对策略

环境负外部性的应对之策主要包括市场机制、政府机制和司法机制,以上三种机制并无先后之分,而是需要并列或者平行使用。

第一,市场机制。根据经济学家的假设,并不是去解决生态服务市场失灵的问题,而是如何创造一个生态服务市场。这个市场被尝试建构以后,因为生态要素自身的缘由,并没有体现出市场应有的竞争性,价格也不受供需关系调整。需要深刻理解该市场缺失的最主要原因,是因为自然资源所有权的有限性决定的。而所有权是一个抽象人造法律概念,其边界是随着人类社会生活发展而发展的。经济学家可以构想出生态服务的所有权,但是空气、生态自净系统能力等这些生态要素,只要它们的所有权无法明确界定,或者界定出来了并不实现财产权必须的排他性等特征,部分生态服务就无法成为一种独立的财产,也不能实现有效率的流通。

第二,政府机制。解决环境外部性的传统模式主要是依靠政府相关职能部门行政管理模式,其易于操作和控制,缺点是在短期内有明显效果,但缺乏可持续性。概括地说,政府管制即通过依赖政府命令,由政府来决定如何利用环境资源。例如,当排污企业毫无约束地向大气、水体里排放污染物,政府责令对其罚款,将治理污染的成本由社会承担转移到企业内部承担。随着政府管制方式的发展,这种管制方式也越来越多。常见的政府管制方式有:设计标准或者技术规范;性能标准或者排放限额;环境质量或者基于危害的标准;产品禁令或者使用限制;计划或者分析要求;信息公开(标签)要求等(胡静,2008)。同时,税收工具虽然是利用价值机制来实现管控引导负外部性行为,但其税收属性具有一定的国家强制特征,也可以纳入广义上的行政工具。整体而言,这些行政工具中有一些举措是通过间接的作用,将环境的负外部性内部化,例如设计标准或技术规范、计划或者分析要求、信息公开(标签)要求等;而政府通过产品禁止令或者使用限制等方式则直接针对外部性行为而起效。

此外,公共选择理论和规制俘获理论所涉及的政府失灵更侧重于具体规制执行者的"经济人"特征。公共选择理论意欲表达的观点是,规制者并非不食人间烟火的"神仙",也是追求自身利益最大化的经济人。规制俘获理论强调的论点则是,被规制对象可能利用规制官员的自利动机向其输送利益,诱使后者成为自己的利益代言人,让规制体系成为阻碍其他竞争对手挑战自己市场地位的工具(周清杰和张志芳,2017)。例如,在生态保护补偿的落实和执行过程中,可能会出现部分执法人员截留、占用、挪用、拖欠或者未按照规定使用生态保护补偿资金的情形。因此,相关制度设计不应回避规制者的经济人特征,"胡萝卜+大棒"的制度组合或许更加有效。矫正此类政府失灵问题需要优化监督机制和问责机制。

第三,司法机制。生态保护补偿是一种救济手段,诉讼救济作为最具强制力和执行力的救济方式能够保障生态保护补偿有效运行。从诸多生态保护补偿案例的争议焦点和裁判逻辑来看,生态保护补偿争议主要包括两方面内容:一是未经生态保护补偿程序但对私主体权益造成限制的政府环境规制措施是否违法;二是若政府环境规制措施不违法,私主体权益因政府环境规制措施而受限能否得到补偿,以及如何确定补偿的范围和标准等问题。前者涉及私主体权益的程序保障问题,后者是私主体权益的实体保障问题。从司法救济的角度来说,生态保护补偿制度运行的前提在于政府机制的合法正当,若政府规制的相关决定不合法,则应当通过司法机制撤销环境规制决定而非给予生态保护补偿。在平等发展权保障理念下,即使对发展权人限制的政府规制合法正当,也并不必然给予生态保护补偿,还要结合政府规制的目的以及是否构成难以忍受的损失来判断是否给予生态保护补偿。如果对私主体的平等发展权限制进行生态保护补偿,如何通过司法程序确定补偿标准也是一大难题(鄢德奎,2023)。

　　尽管市场化生态保护补偿方式为目前生态保护补偿改革与推进的重要方向,但就我国目前的现状而言,政府在生态保护补偿中的作用仍然不可或缺,并在生态保护补偿理论和实践中仍将发挥重要作用。而且从国际经验来看,公共财政支付体系与市场工具并用是生态系统服务补偿的主要方式。目前,我国生态保护补偿基本以政府为主,主要基于重点领域(森林、草原、湿地、水流、荒漠、内陆和近海重要水域休渔补偿、耕地、重要生态功能区等)进行分类补偿,同时按照主体功能区划对各区域进行整体补偿。虽然市场化生态保护补偿也在同步推进,但是进展缓慢,而且补偿力度仍有待提高。因此,在推进市场化生态保护补偿的同时,应当注重市场、政府和司法机制的协同推进。

第三节　市场化生态保护补偿机制的有效性

　　以政府为主的生态保护补偿主要以庇古理论为依据,以市场为主的生态保护补偿主要以科斯理论为依据。而政府与市场的有机结合,正是市场化生态保护补偿的核心内容。同时,具体的生态保护补偿实践也促成了多市场化、多元化生态保护补偿理论并非单一的以市场或政府为主,而是二者的有机结合。

一、以科斯定理为理论基础的生态保护补偿

科斯定律认为环境负外部性的根本原因是产权界定不清。因此,科斯认为要解决环境负外部性问题首先要明确产权。该方法的有效性原理是使人们将财产的利用与其产生的后果相关联。根据科斯有关产权和交易成本的论述,生态保护补偿应以资源产权的界定为前提,通过市场交易体现产权转让成本,引导经济主体以更低成本的行为方式,达到资源产权界定的目的(黄飞雪,2011)。但同时,用科斯定理论证生态保护补偿的有效性,也存在以下几方面的争议(曹明德等,2021)。

(一) 就"产权明晰的自然资源"产生的质疑

该前提对于生态保护补偿项目而言,适用性相对有限。比如空气、水的自净化等生态服务很难界定为明确的所有权,且难以用来交易流通。同时,马克思认为商品的价值在于其中凝结了人类无差别的劳动,有的生态服务作为商品并没有凝结人的劳动,而仅仅是因为其具有稀缺性。另外,生态服务作为商品必须排他且不重合,这要求一种生态要素所能够提供的生态服务不会影响其他的生态服务,例如某一流域的水资源具有自我净化功能,可据此认定水源的所有者应界定为生态服务的提供者,但如果该水系的自净化功能非常依赖于河岸的森林体系用以涵养水源,那么水系自净化的生态服务商品将会非常依赖于森林体系的另外一种生态服务,某种生态服务效用的独立性会受到极大的限制而难以作为商品在市场中流通。

(二) 就"足够低的交易成本"产生的质疑

影响交易成本的因素很多,例如信息对称。市场失灵理论对信息不对称的关注主要集中于交易主体之间的信息不对称。生态服务交易中信息的获取应当便利且双方对称。哈耶克认为,市场不仅是一个商品交换的地方,

而且是一种信息流通的工具。因此,市场的繁荣绝对不仅仅是一个商品快速流通而繁荣的表现,往往伴随着信息的高速扩散和协商机制的高度发达。一些市场无法有效地运转也可以归咎于信息获取的成本过高。同时,在生态服务付费实践中,往往存在信息不对称的情况,这都会导致交易成本过高而无法实现交易。

（三）就"司法救济工具"产生的质疑

科斯在《社会成本问题》一文中指出,如果产权明晰、交易成本足够低,市场便可以自我实现资源的最佳配置,并认为侵权法本身也有实现这种功能的可行性。在此论断中,可以看出科斯对于司法功能的重视,因为如果市场不能实现自主交易,还会有司法工具可以模拟市场行为来实现同样的目的。可以将司法审判视为科斯定律的一种代替方法,或在现实生活中,若不考虑其成本,司法工具往往是一道最后的救济保障。但在现行生态保护补偿制度中,将生态保护补偿行为纳入侵权法体系仍有待探索和完善。由于我国法律并没有对生态保护补偿的纠纷解决机制作出直接规定,而且诸多生态保护补偿司法裁判也存在依据不足的窘境,故难以完全通过司法机制实现功能替代(李海棠,2024)。

二、以庇古税为理论基础的生态保护补偿

庇古税是对某种产生负外部性的市场行为予以征收的税种之一。该税种通过对负外部性行为设置等同于其社会成本的税率,目的在于矫正市场非效率资源配置。庇古认为外部性产生的根本原因是市场失灵,必须通过政府的直接干预来实现矫正。这种干预分为两类,一种是针对正外部性行为予以补贴,另外一种则针对负外部性行为处以成本增加。从而实现外部性生产者的私人成本等于或大于其所在社会的公共成本,最后实现整体社会福利的提升。

尽管庇古税为环境负外部性的解决提供了重要思路,但也存在一定的

局限性,也是西方经济学界存在的一个争议,即如何给外部性行为制定一个合理的税率。庇古自己曾说:"确定恰当的补助金和课税标准,实际上有很大困难。要做出一个符合科学的决定,几乎完全没有必要的资料可作为参考。"(庇古,1963)因此,要准确界定行为的边际成本十分困难。在生态保护补偿的实践中,如何对一部分行为予以课税,存在一定的不确定性。同时,庇古税相较于科斯的市场方法,需要行使更多的行政权,其行政成本也是一大局限性。

三、庇古型和科斯型相融合的生态保护补偿

如前所述,政府型生态保护补偿和市场型生态保护补偿各有不足,但是二者并不是相互对立、互不相容的关系,而是可以在一定程度予以高效融合。政府型生态保护补偿主要通过规范性的规章制度(也称为命令与控制),实现环境保护的最普遍和广泛使用的机制。简单地说,它设定了一个目标,并规定了为实现该目标而必须采取的、允许的和禁止的行动,并对违规行为处以罚款。由于受监管的社区平均承担着负担,因此该机制不如基于市场的机制灵活。在这种机制下,通常用于处理环境污染的两种方法是基于技术的统一标准和基于性能的标准。虽然基于技术的标准要求使用特定的技术并设定了特定的目标,却未指定实现这一目标的具体手段。有学者指出,多数情况下,生态保护补偿依赖于国家或社区参与,包括非政府组织(Vatn,2010)。同时指出,单纯的经济激励措施并不足以引发广泛参与,社会资本对于生态保护补偿的成功推进起到了关键作用,包括产权、法律框架、社会认知和价值观等。

解决环境问题的另一机制是基于激励的政策(主要是经济激励措施)来推动行为朝着政策目标迈进。经济激励计划可以定义为"为减少污染提供经济利益或对污染进行经济处罚的任何计划"。因此,经济激励计划包括正面或负面激励。经合组织报告将政策工具标记为"经济工具",当它们"影响

对经济主体开放的替代行动的成本和收益的估计"时，将其分为收费和税收、补贴、可交易的排放许可，以及存款退还制度。环境税费依赖于使环境污染变得昂贵，从而迫使污染者将以前的外部污染成本内部化，直至控制该污染的边际成本等于所收取的税费。在这种情况下，实现既定污染控制目标的总成本将降至最低，因为边际减排成本较低的企业将比污染物排放较高的企业减排更多。如果将税率设定在适当的水平，则可以永久性地鼓励人们采取减少污染（或破坏环境的行为）的活动。但是这种方法会给污染带来代价，不会限制将要产生的数量，最终由于不确定所要达到的污染控制水平而受到指责。

广义上讲，补贴是直接使私人生产或商品和服务消费受益的公共支付。在政治决策中，这些活动真实或假定存在的积极副作用是有道理的，这些活动需要更高水平的补贴。如果没有这种补贴，生产将占主导地位。补贴旨在转移利益并采取使整个社会受益的措施，可以通过贷款或免税额来实现。存款退还系统是对可能造成污染的产品的价格附加的费用，由于将这些产品返回收集系统可以避免污染，因此可以退还该费用。认证计划是指跟踪产品和服务的整个生命周期的计划，旨在减少对供应链和生产链的环境影响并吸引相关消费者。碳标签是最典型的例子之一。

庇古型生态保护补偿与科斯型生态保护补偿二者单独都有不足，但二者的结合正是市场化、多元化生态保护补偿机制的价值追求，既考虑社会公平分配，也考虑市场性福利和非市场性福利的全面提高。市场化生态保护补偿并不是指单纯依靠市场，将市场机制作为生态保护补偿的唯一机制，而是包括了市场机制、政府制度、社会信托等在内的系统政策体系。也就是说，单一的不依赖政府的市场手段无法实现多元化生态保护补偿的价值追求，需要政府机制、社会机制等进行补充和完善。

综上，市场化生态保护补偿机制的建立，要以习近平生态文明思想为指导，牢固树立和践行"绿水青山就是金山银山"理念，系统分析生态产品市场交易活动特征,将具体的生态资源领域所要进行的生态保护补偿纳入市场化运作平台,以市场调节为导向,将市场本身所具有的调节利益的杠杆作用与生态保护补偿机制的激励作用相结合,从而在政府宏观调控的前提和背景下,实现生态保护补偿的根本目的,推动生态保护地区和受益地区开展生态保护补偿,为人民群众提供更多更好的生态产品(彭文英和滕怀凯,2021;刘晓莉,2019)。

第二章
市场化生态保护补偿国内外经验借鉴

　　各国对生态系统服务功能的支付类型既有公共财政支付方式或政府购买，也有运用市场手段的方式，包括自组织的私人交易、开放的市场贸易、生态标识等。例如，美国自 20 世纪 30 年代以来至今的保护性退耕计划（land retirement programs），1985 年开始实施的保护性储备计划（conservation reserve program，CRP），墨西哥的森林资源生态系统服务功能补偿案例，美国中西部和加拿大南部的德尔塔水禽协会承包沼泽地计划等，这些实例基本属于财政公共支付体系。而法国皮埃尔矿泉水公司案例、美国纽约市 Catskills 的清洁供水交易案例、哥斯达黎加开展的可认证、可交易的温室气体抵消单位（CTO）交易案例（曹明德，2010）、澳大利亚的"水分蒸发指标"、美国的"湿地银行"案例、欧盟的生态标识体系案例等均属于运用市场化生态保护补偿的实例。除了市场化、多元化的生态保护补偿国际探索，国内也进行了很多有益探索和实践，包括水质交易、异地开发补偿、水权交易，以及"地票交易"等，虽然和国际生态保护补偿制度的发展程度相比略显缓慢，但也为我国市场化生态保护补偿制度的进一步发展和完善奠定了重要基础，提供了宝贵经验。

第一节　市场化生态保护补偿国外主要案例分析

　　国际生态保护补偿也叫"生态服务付费"（PES），指环境服务"购买者"

自愿购买特定环境服务提供者所提供的环境服务,以有效填补其他政策的空白。国际流域生态保护补偿制度发展相对成熟,具有代表性的有:美国纽约与流域上游农民签订具有法律效力的供水协议,购买上游生态环境服务并取得成功(Hoffer,2011);德国为保护饮用水水源,对上游捷克的环保投入和因此丧失的发展机会成本进行生态保护补偿,使两国交界的断面水质达到饮用水标准(Bennett et al.,2017);澳大利亚将流域生态保护补偿以法律形式固定下来,治理成效显著(Banerjee,2013);哥斯达黎加采用立法与市场相结合的方式进行生态效益补贴(Steed,2007)。以上各国均以市场化生态保护补偿方式保障其流域水质及饮用水安全。本节将分别对美国、澳大利亚和欧盟等市场化生态保护补偿案例和实践进行分析和探讨。

一、美国流域生态系统服务付费制度

1972 年通过的《清洁水法》(Clean Water Act,CWA)建立了基本结构,以设定美国水体的水质标准并管制向这些水体的污染排放。未经美国环保署(EPA)国家污染物排放消除系统(NPDES)许可计划颁发的许可,来自工业和市政废水系统的点源无法将任何污染物排放至水道中,许可证规定了排放限制以及监测和报告要求。一些许可证还规定了必须采用的"最佳管理做法"(Walls and Kuwayama,2019)。

(一)《清洁水法》

每日最大排放量和雨水管理制度。每日最大排放量(ATMDL)是允许进入水体的最大污染物的排放量,以便使水体满足该特定污染物的水质标准。CWA 要求各州针对其受损水域清单中确定的所有水域开发 ATMDL。CWA 还涵盖市政雨水径流。在许多城市的诸多地区,雨水径流是通过市政独立的雨水管道系统输送的。有些城市则将卫生和雨水排放系统相结合,雨水和污水流入一个管道系统,该管道将废水输送到污水处理厂,然后再排

放到水体中。在这两种情况下,EPA 都要求城市拥有许可证,以定义城市
必须采用的雨水管理计划,进而最大程度地减少径流或控制污水下水道
溢流(CSO)。近年来,市政当局已转向通过"绿色基础设施"方法来管理
雨水径流和公民社会组织,EPA 一直在与市政当局合作,为使用这些选项
设计准则,以代替灰色基础设施(管道、隧道、储水罐、泵和废水处理厂的
系统)或作为其补充。绿色基础设施包括许多小规模的选择,例如雨花
园、生物交换、绿色屋顶和可渗透的人行道,但是森林保护,特别是在河岸
地区,在许多地方都起着重要作用。

同时,大多数缓解项目均受 CWA 的监管,该法律旨在保护美国水域的
化学、物理和生物性能与指标完整性。CWA 第 404(b)(1)条通过美国工程
建设兵团(USACE)授权的标准许可和一般许可对拟议向这些水体中排放
的挖出物或填充物进行了规定。个人许可证是最常见的标准许可证形
式,是在对拟议项目疏浚或填充材料的影响进行逐案评估之后颁发的。
这些许可约占所授予的许可总数的 15%。对于每份许可申请,USACE 都
会将完整的申请发送出去,以进行公告,并可能进行公开听证,以使公民
以及其他州和联邦机构可以公众参与和表达关切。全国许可证(NWP)是
一般许可证的最常见形式,它授权进行特定活动,从而对水生环境造成
"最小"累积的不利环境影响。NWP 由 USACE 总部每五年发布一次,并
在全国范围内适用,除非某个地区撤销了州或地理区域的许可。通常,与
个人许可相比,NWP 对 USACE 的监督更少。NWP 可以涵盖的活动范围
包括清除在美国水域中的现有桥梁、涵洞等建筑结构上积累的沉积物、稳
定堤坝,以及建设、扩展、改造或改善线性道路、公路、铁路等交通项目所
需的诸多活动。

(二)《安全饮用水法》

《安全饮用水法》(The Safe Drinking Water Act,SDWA)最初于 1974
年通过,授权 EPA 为可能存在于公共饮用水供应中的自然和人为污染物制

定国家健康标准。EPA 目前为各个污染物设定了法律上可强制执行的最严格标准,并通过其国家主要饮用水条例(NPDWR)定义了其他一些污染物的处理技术。1989 年的 EPA 规则要求大多数公共供水系统在不受地表水直接影响的情况下过滤地表水和地下水,除非满足特定的避免过滤标准。这些标准包括浊度和粪便大肠菌群或总大肠菌群密度的水源水质条件,以及各种特定地点的条件(EPA,2010)。如果公共供水系统制订了满足这些标准的计划,则 EPA 可能会根据过滤豁免的规定,允许该系统从地表水获得供水。森林保护和管理活动通常是这些过滤豁免的关键组成部分。获得此类豁免的主要城市包括波士顿、纽约、俄勒冈州的波特兰、旧金山和西雅图等(Hanlon,2017)。

(三) 节约成本

避免过滤明显降低了治理成本。因此,有豁免权的城市有强烈的动机保护原水以保留豁免权。即使没有豁免,城市也有动机保护原水,因为进入饮用水处理设施的水的质量越高,处理成本就越低。如果原水特别干净并且没有沉积物,则处理厂可能会绕开处理过程中的某些步骤。如果原水水质较差,则可能需要其他处理方法,例如膜过滤或活性炭处理。EPA 法规于 2006 年通过,目标是源水中的隐孢子虫含量,这为在水到达处理设施之前净化水提供了另一个动力。有学者研究发现,美国七个水质优良的城市在水处理基础设施方面节省了 50—60 亿美元(Postel et al.,2005)。当进入系统的原水更清洁时,由于需要更少的化学药品,因此运营成本也会更低。

2004 年,公共土地信托(TPL)和美国水利工程协会(AWWA)进行的一项研究使用了对水供应商的调查数据,并进行了统计分析。结果表明,对于森林覆盖率不到 60% 的流域,森林覆盖率增加 10%,饮用水处理和化学品成本降低 20%。因此,在美国的监管环境中,促使水服务提供商参与森林保护活动的目的是成本节约,而不是这些活动带来的额外水质效益。这表明在生态系统服务付费(PWS)计划中支付给森林所有者的价格也更有可能反映出成本节约。萨尔茨曼(Salzman)认为,至少与专注于其他环境成果(例如生物多样性)的计划相比,上游流域的土地管理与下游水质和洪水之间的明显联系可以使其相对容易地获得生态系统服务付费(PWS)计划的支持(Salzman et al.,2018)。此外,交易成本可能很低,因为地方政府和供水服务提供商等中介机构从分散的受益人那里收取资金。纽约和波士顿的生态服务付费案例最为典型。

1. 纽约流域生态服务付费

净水是经过大量经济分析的生态系统服务的一个示例,无论采用哪种方法来确定估值,一个有效的自然流域是最佳的选择,以使生态系统能够自然地供应和过滤供人类使用的水。了解完整流域的经济价值的一种方法是将其与建设和维护供水和处理设施的成本进行比较。就生态系统的丧失导致供应减少的程度而言,还可以通过必须从其他地方进口水的成本来确定价值。流域保护对于为人们提供清洁饮用水至关重要,土壤和湿地从水中过滤掉污染物。然而,开发土地不仅将污染物直接带入流域,而且还消除了这种过滤功能。因此,保护某些土地不被开发可以在确保流域提供清洁水的能力方面承担双重责任。

为了节省更高的替代成本而对生态系统服务进行投资的最著名例子之一是水净化。纽约市通过精心开发的、未经过滤的水库系统,从上游州汲取大部分自来水。同时,《安全饮用水法》要求所有主要的地表水系统必须过滤其水或证明它们可以保护产生水的流域。一个足以清洁纽约市供水的过滤厂将耗资 60—80 亿美元,而保护流域的费用估计为 15 亿美元。

2. 西雅图流域生态服务付费

在自然水过滤服务方面,纽约并不是唯一采取明智投资的城市。西雅图通过收购大部分托特河流域而取得了类似的成功,该流域为居民提供了大约三分之一的供水量。这种成本效益比令人印象深刻。如果森林不做这项工作,相关政府部门将不得不支付2.5亿美元来建造一个过滤厂,以对该城市的供水进行过滤,每年的运营和维护成本约为360万美元。此外,到2010年,随着所有已建资本的过滤厂贬值并最终瓦解,过滤厂可能将建成第三座或第四座。像大多数自然资本一样,森林不会贬值或崩塌。相对于资产的大小,森林需要少量维护。流域现在提供的水和价值比政府部门所估值的要多得多。这项明智的投资所带来的另一个好处是,霍乱等瘟疫曾经在西雅图成为一个重大问题,但由于开发了清洁、可靠的供水,霍乱得以消除,从而挽救了众多生命。

3. 美国湿地缓解银行制度

湿地缓解银行是一种基于激励的方法,保护湿地的生态保护补偿方案,包括湿地的恢复、改善、创造和保护,以减轻对关键水生资源的不利影响。根据美国联邦法律和某些州法律,土地所有者必须在进行可能影响湿地的活动之前获得监管机构的许可。作为获得许可的条件,土地所有者通常必须提供缓解措施,以抵消或减少活动对湿地功能和价值的影响。

当人们恢复、增强、创建或保存湿地时,产生缓解信用,便出现了缓解银行业务。监管机构确定缓解信贷的数量和价值,然后信贷产生者可以将其用于抵消自身开发项目对湿地的不利影响。这类似于一个可以存入资金、未来可以提取收益的储蓄账户。在更复杂的情况下,私人实体会产生信用,第三方会购买这些信用以满足自身不相关的缓解要求,这种交换类似于商业票据交易。甲方(信用额的生成者)通知乙方(监管机构)应将信用额释放给丙方(有缓解要求的第三方)。当然,在监管系统中,这些信用仅在监管机构认可的范围内才有价值。广泛的湿地减缓银行系统提供了许多可能的好处。首先,从生态环境保护的角度看,减缓成功的可能性更大。其次,从规范社区的角度来看,缓解银行业务应在许可过程中提供更多的确定性。最后,由于湿地缓解银行体系明确了湿地的范围和价值,所以这种体系可能会降低监管计划对私有财产权产生干扰的程度。

美国湿地缓解银行之所以可以促进湿地生态价值与经济价值的转换，推动相关行业的繁荣和经济社会发展，成为一种市场化生态保护补偿的有效模式，与其规定严格的运行机制密不可分。具体包括对湿地缓解银行交易需求的培育、通过《清洁水法》以法律形式明确各方的权利和责任、详细规定湿地缓解银行的设计和申请要素、明确交易的标准单位、数额和价格、有效的长期监管措施。以上运行机制，保障了湿地缓解银行的有效实施，促进了湿地资源的保护、有助于法律法规及许可制度的实施，并推动了相关产业的发展和生态价值的实现。

二、澳大利亚墨累—达令盆地水权交易

墨累—达令盆地占澳大利亚总土地面积的七分之一，生产的食物超过澳大利亚的三分之一，该盆地水域是澳大利亚最重要的流域。墨累—达令盆地包括澳大利亚四个州的一部分：昆士兰州、新南威尔士州、维多利亚州、南澳大利亚州和澳大利亚首都特区——堪培拉。墨累—达令盆地拥有超过200万人，其水域为位于盆地边界以外的人口中心提供了130万人的饮用水支持。20世纪80年代，澳大利亚墨累河（River Murray）开始逐渐枯竭，随之而来的是一系列生态灾难。面对及其严峻的水资源现状，澳大利亚政府通过水资源分配计划以及水权交易市场，对墨累—达令盆地进行了意义深远、大胆而创新的水资源改革。

（一）墨累—达令流域协定

在20世纪90年代初期，共享墨累—达令盆地水资源的四个州和澳大利亚首都地区制定了共享该盆地水域的新协定。《墨累—达令盆地协定》于1994年完成，是澳大利亚最重要的水政策成就之一，该协定因对未来从流域抽水以"保护和改善河流环境"施加了"上限"而著称。上限通过冻结流域各州和首都地区的"分流"水平在"基准条件"（定义为1993—1994年的发展

水平)下运作。重要的是,设置上限的目的是限制转移,而不是发展。取决于用水效率和用户之间调水的能力,上限并未对用水相关部门设定增长限制。

(二) 国家水计划

自 2004 年签署以来,国家水计划(National Water Initiative，NWI)成为水改革的国际标准。NWI 的主要目标是"基于国家兼容、市场、法规和计划的系统,以管理农村和城市使用的地表和地下水资源,从而优化经济、社会和环境成果"。该目标的核心是"将所有当前过度分配或过度使用的水系统完全恢复到环境可持续的提取水平"。NWI 旨在通过市场、法规和用水计划完成澳大利亚水管理系统的现代化,以实现雄心勃勃的环境和经济目标。实现 NWI 的主要手段是在每个州内制定和实施法定的水计划,以及开发水市场,以在用户、用水和价值变化之间重新分配水方面发挥关键作用。NWI 是有关澳大利亚渴望如何管理其水资源的广泛声明,但具体实施主要根据各州的具体情况进行。

NWI 对消耗性水权的管理基于以下逻辑:首先,将水资源的"池"专用于消耗性使用;其次,将这些池分成若干份额,并根据这些份额创建永久性的水权;最后,确定每年根据当年的可用水量分配给每个份额多少水,NWI 将永久性水权称为"水权获得权"或简称为"水权"。NWI 将水权定义为"指定水资源的消费池的永久或不限份额"。换句话说,水权定义了用户的最大可用水份额。水权根据每年可用水量和相关的水计划指南而变化,水权也可能包含某种形式的使用许可,允许在特定地点使用水。分配给权利持有人以在任何一个水年度中使用的水的体积量称为"分配"。NWI 将分配定义为"在给定季节中分配给取水权的特定水量,根据相关水计划中确定的规则进行"。

澳大利亚的水权可以被描述为几个不同要素的组合:永久性权利、年度分配,以及特定于一块土地的某种形式的使用许可。澳大利亚的 NWI 鼓励州将水权从法律上分离或"解除捆绑"。"解除捆绑"开始于允许水权与土地权分开存在，一个人不需要拥有土地就可以拥有水权。通过将权利与其年度分配和站点使用批准分开，进一步将水权"解除捆绑"，这样可以实现永久权利或权利持有者年度分配的高效低成本交易。另外，澳大利亚也呼吁"逐步消除水贸易壁垒"，各州已经同意"解除捆绑"是实现这一目标的主要路径之一。

水计划通过影响年度分配决策发挥最大的影响。水资源分配计划可以确定权利持有者和环境如何共同承担稀缺的负担。实现变化的一种机制是改变为不同用水用途而预留的水"池"的大小。在一个简化的示例中，一个州可以定义一个消费性使用池、一个环境池和一个河流运营池。相关的水计划可以确定这些池中的哪些首先被可用水"填充"。河道作业水（可能包括一些环境用水）很有可能是第一个填充的水池，因为如果没有它，整个系统可能无法运转，并且可能无法满足基本的环境需求。接下来，可能会填充消耗池和其他环境池。规划人员可以根据需要将超出所占数量的多余水分配给消费或环境用途。根据每个州的具体法律，水计划者可以更改水池的大小。

（三）水法

如果 NWI 代表一种放任自流的方法——联邦扮演召集人、出资者和标准制定者的角色，各州保持对相关细节的自主决定权，那么《水法》（Water Act）就代表了联邦放任不管的方法。即使在墨累—达令盆地"上限"已超过 10 年的情况下，澳大利亚东部和南部仍持续遭受严重干旱，无法实现在墨累—达令盆地平衡人类和环境用水的需求。

因此，《水法》在英联邦水利部长的领导下成立了墨累—达令盆地管理局，并责成其编写一项流域计划，以在 2011 年前管理墨累—达令盆地。《水法》规定：第一，确保过度分配或过度使用的水资源的开采量恢复到环境可持续的水平；第二，保护、恢复和提供墨累—达令盆地的生态价值和生态系统服务;第三,最大限度地利用和管理流域水资源,为澳大利亚社区带来净经济收益。

为了说明在墨累—达令盆地实现这些目标的重要性,流域州和联邦同意了《2008年水法修正案》,作为《水法》的补充。根据《水法修正案》,各州同意将宪法权力,特别是进行墨累—达令盆地水资源规划所必需的宪法权力,通过管理局移交给联邦。各州愿意放弃宪法权力,凸显了墨累—达令盆地所涉及的利益。与NWI一样,《水法》实施的大部分重点在于使用计划和市场来实现环境和经济目标。作为《流域计划》的主要特征,《水法》要求对取水量建立"环境可持续的限制",称为可持续的分流限制(SDL)。

尽管NWI和《水法》在许多方面截然不同,但NWI严重影响了《水法》制订的流域计划,并反映了许多相同的目标。NWI和《水法》最重要的共同特征是提出将环境用水等于或领先于消耗性用水的大胆步骤。NWI和《水法》都采用了各种策略,旨在缩小"消耗池"并为"环境池"分配更多的水。

(四) 澳大利亚水市场

澳大利亚水权的"非捆绑式"性质意味着存在多种交易选择的可能。首先,分配贸易称为临时贸易,涉及分配给权利持有人水量的年内交易。第二类交易涉及永久性转让或水权交易。在每个类别中,交易可以分为两类:高可靠性和低可靠性权利分配交易。贸易商出于各种原因进行水交易。对于灌溉者而言,购买和出售水的主要动机是管理不确定的供水。为了避免年度分配的不确定性,水市场允许季节内和季节之间的灌溉者支撑其水供应,以确保短期内有足够的水供作物使用。实际上,在墨累—达令盆地的部分地区,"季节性分配越低,通过市场交换提供的总用水量就越大"。尽管不能低估市场在提高灌溉用水安全性方面的重要性,但水市场的另一个重要功能是将水重新分配给环境用途。按照NWI的说法,水市场可以通过购买水权来帮助将水从"消耗池"转移到"环境池"中。澳大利亚联邦和各州率先为环境购买水。①

（五）澳大利亚流域盐度信贷交易(Salinity Credits to Offset Debits)

澳大利亚的特殊地形和气候变化导致墨累—达令流域的盐碱化非常严重。基于市场的工具(MBI)主要规定在通过市场价格信号鼓励行为改变的法规中，而不是与监管和集中计划措施相关的环境管理的明确指令中。MBI 方法的主要动机是，如果可以使环境管理者的行为更加有益于土地管理人员，那么私人选择将更好地符合社会、经济和环境期望。为鼓励发展基于市场的方法来解决水质和盐分来源多样化的问题，澳大利亚联邦政府对试点项目进行拨款。

该盐度抵消框架是根据盐碱和排水战略以及随后的三十多年中的两个后续战略在多边开发银行中盐碱管理取得持续成功的关键。该框架的核心是商定的问责制和治理系统，包括盐度贷方和借方系统，通过量化和验证贷方和借方，以及盐度登记册以跟踪贷方和借方。为了确定盐度贷方或借方，使用了各种模型，包括复杂的地下水和地表水(河流和支流)模型。每一个模型都经过严格的独立技术评估流程和定期审查。模型经过评估和批准后，可用于估算防止进入河流的盐分负荷或流入河流盐分的增加。然后，河流模型以贷方或借方方式估算对盐分的影响。根据《墨累—达令河流域协定》，如果一项活动打算增加贷方或借方，则流域政府有责任通知墨累—达令河流域管理局(MDBA)。MDBA 负责评估和批准用于估算贷方和借方的模型，并负责将每个政府的账户保留在盐度寄存器中，该盐度寄存器由MDBA 独立审核。

如果希望采取行动(例如，开发新的或扩展灌溉系统)，流域各州需要确定它们有可用的信用额度。共享盐分拦截方案生成了信用，并根据它们对

---

① 2008 年，联邦宣布通过"恢复墨累—达令盆地的平衡"计划(也称为"联邦回购")，以 31 亿美元的价格在墨累—达令盆地购买水用于环境保护。

方案成本的相对贡献分配给各州。这允许开发和其他动作发生,并将产生借方。盐度记录器跟踪不同司法管辖区之间的信贷余额。MDBA 提供了盐度寄存器如何工作的详细信息。考虑到盐度可能是对发展的限制,补偿方案鼓励流域政府制定限制盐度影响的政策,并采取可能获得盐分积分的行动。通过这种方式,补偿方案鼓励了灌溉区的用水效率措施以及良好的土地和用水规划,并使减盐措施的投资抵消了不良影响,进而使得灌溉发展及农业现代化得以继续进行。2000 年,盐分和排水战略基本完成之时,三个新的盐分拦截计划已建立起来,三个现有计划也得到扩展,对灌溉排水进行了实质性改进,灌溉实践发生了重大变化,排水量减少。此外,1999 年进行的盐度审核清楚地表明,该策略正在降低墨累河的盐度并实现持续灌溉。

此外,该盐度信贷交易主要通过合同安排将动态激励纳入信贷和拍卖政策。当政策创造动力不断寻求低成本创新方式以达到环境目标时,就会实现动态激励。建立动态激励的先决条件是一种反馈机制,通过该机制,受政策约束的各方可以重复进行生产决策,并揭示由此产生的生产和政策合规成本。以合同方式创建的动态激励,可以在其他环境中应用。例如,将监视结果与绩效相关联的监视协议、将重复支付的水平与监视结果相关联的支付时间表。该试验方法将地表监测结果与基于植物土壤水平衡模型的补给额度相联系。通过在三年试用期中的第二年和第三年付款来建立动态效率和贸易激励机制,进而通过监控结果和信贷交易来实现商定的信贷水平。

该盐度信贷交易与大多数拍卖和其他付款政策中的惯例形成对比,因为其他大多数相关政策的付款取决于投入或惯例实施,而不是受监控的结果。该试验的监测结果可在澳大利亚的其他旱地农业环境中复制,并为可交易信贷和其他基于绩效的政策提供了重要基础。

三、欧盟主要国家市场化生态保护补偿模式

　　欧盟(EU)的《水框架指令》(WFD)是在 2000 年前首次公布的,距今已有 20 多年。"良好的水资源管理需要采用流域规模的方法",作为《水框架指令》核心原则,就目前而言,仍具有创新性。《水框架指令》为改善欧盟水体的水管理和水质以及保护这些水体内部和周围的生态系统制定了雄心勃勃的目标。尽管取得了一些进展,但欧盟在实现这些目标时,还面临诸多挑战。2015 年,只有不到一半的水体符合"良好状态"标准(欧洲环境署,2015)。因此,政府通过加强政策和融资承诺来应对这一挑战。在共同农业政策(CAP)下的最新一轮融资中,欧盟委员会为自愿进行可持续景观管理活动的土地所有者支付的预算每年增加了 10 亿欧元。与此同时,欧盟委员会正在支持许多高层项目,鼓励在规划和政策方面展示和整合绿色基础设施,展示对健康景观潜力的信任投票,为欧洲公民提供清洁、可靠的水资源。

　　在欧洲绿色新政的背景下,循环经济行动计划和新的欧盟气候适应战略都提到了更广泛地使用处理过的废水,以此来提高欧盟应对日益增长的水资源压力的能力。修订《城市污水处理指令》的提案加强了鼓励回水利用的现有规定,要求成员国系统地促进所有城市污水处理厂处理过的废水的回用。这项建议要求更好地监测、追踪和减少污染源,如能迅速获得采纳,将会改善经处理的城市废水的质量,从而进一步促进其再利用。水的再利用也有助于"从农场到餐桌"战略目标的实现,即通过提供一种替代的、更可靠的灌溉水源,减少欧盟粮食系统的环境足迹,增强其复原力。

　　《水再利用条例》为农业灌溉中处理过的城市废水的安全再利用设定了统一的最低水质要求,以促进这种做法的采用。该《条例》预见到会员国有可能根据具体标准决定不采用这种做法,或只在稍后阶段采用这种做法,因此,欧盟会定期审查这些决定,以考虑到气候变化和国家战略,以及根据《水

框架指令》制定的流域管理计划。由于许多河流和其他水体属于不同国家，必须确保跨界合作，会员国必须指定一个联络点，以确保彼此之间的协调与及时交流。该条例还规定了统一的最低监测要求、评估和处理潜在的额外健康风险和可能的环境风险管理、许可义务，以及透明度条款，从而公开任何回水再利用项目的关键信息。①

（一）欧盟主要国家流域市场化生态保护补偿模式

欧洲社区、公司和地方政府对激励机制、当地合作伙伴关系以及通过市场化的方式解决流域生态保护的创新方法表现出浓厚兴趣。虽然流域保护的资金继续由公共部门主导，但是自来水用户本身，特别是公用事业和私营部门，近年来也在稳步增加对绿色基础设施的支持。

1. 德国下萨克森州的流域合作模式

在德国，欧盟《水框架指令》已被批准为《德国联邦水法》，旨在到2027年在水质和生物多样性方面实现所有水体的良好状态。该法已为10个州的流域地区引入了具体的管理计划，并且正在使用各种工具来实现这些目标，包括立法措施、取水和排放阈值以及流域服务付费等环境协定。

自20世纪80年代以来，德国农业不断加强，由于肥料和其他化学品的过量负荷，导致水质在许多水体中逐渐退化。因此，大多数德国流域投资计划都专门通过改善农业管理做法来保护清洁水。在德国确定的8个流域投资计划中，有6个由公用事业（由国家拥有，例如慕尼黑和汉诺威市公用事业公司）或地方政府本身（例如下萨克森州合作机制）主导，这些公用事业使用经济激励措施减少农业的弥漫性污染，同时改善饮用水源。例如，转向不太密集的农业实践的自愿合同或补偿金是最常见的模式。奥格斯堡方案中的一个计划是基于结果而不是基于实践的：它将支付与量化的硝酸盐减少量相联系。尽管德国公用事业公司通常不会受到对其流域投资的监管合规

① https://eur-lex.europa.eu/legal-content/EN/TXT/PDF/?uri＝CELEX:32020R0741&from＝EN.

性的驱动,但有三分之二的公用事业公司表明这种形式的水源保护比工程化处理方法更节约成本。据估计,目前德国的流域投资计划涉及 70 万公顷土地,年度交易总额超过 4 000 万欧元,不包括欧盟补贴。除了一个用户驱动的流域投资①,私营饮料公司宝纳德(Bionade)通过将纯针叶树种植园恢复为混合森林(被称为"饮用水森林")来平衡其年度用水量。当地政府通常会安排一个重要的主体作为所有计划的买方、中间人和监管者。除下萨克森州合作模式外,其余流域投资计划均采取以上模式。

下萨克森州的合作模式最初是由当地政府于 1992 年创建的,用合作计划取代了地下水保护的命令控制系统。该州建立了政府工作组,以促进流域保护自愿协议的签订和履行。工作组充当农民和水务公司之间的调解员和中间人,以及"水便士"的财务管理员,每立方米用水量相当于 5 美分的取水费。然而,2008 年,政府对原始结构进行了修订和简化,将监督自愿协议的主要职责移交给公用事业公司。这种变化的主要原因是预算下降,许多核电厂最初占据了"水资源"资金的近 50%(因为他们需要大量的冷却水)。截至 2013 年,该计划涉及约 30 万公顷土地,每年的金融投资为 1 700 万欧元。

2. 法国雀巢水域(原维特尔)

法国 2001 年颁布的《国家森林定向法》正式承认了森林在提供若干商品和服务方面的作用。尽管该法强调了森林政策和合同模式在促进和发展非市场商品和服务保护方面的重要作用,但仍难以全面概述法国流域服务的奖励支付和投资。这是由于公共政策的权力下放解决了流域保护问题,但是地方举措的多样性以及水保护的主要依据依然是法律法规。

---

① 用户驱动的流域投资是指,用户(例如代表客户的公司或水务公司)向土地所有者或其他方("卖方")支付的投资,以换取保护、恢复或创建绿色基础设施。买方可以在称为"流域保护的双边协议"的过程中直接与卖方签订合同,或者向"集体行动基金或水基金"支付费用。用户驱动的程序可以是自愿的,也可以是依据法律规定。

　　欧洲共同农业中的农业环境和气候措施,旨在通过财政手段补偿农民通过不使用化肥、杀虫剂等做法,来支持水质改善、生物多样性保护和良好土壤条件的行为。农民行为的改变包括很多内容。例如,通过农业咨询减少植物检疫处理(总计 5 000 公顷,支付率为 146—187 欧元/公顷/年),又如,加强当地水资源管理(含 37 平方公里和 15 个社区,在 2016—2021 年交易总额为 700 万欧元)。

　　还有一些支持参与水管理的双边或多边私人合同关系。例如,瓶装水生产者、农民、森林所有者和管理者。达能公司在这方面非常活跃,保护流域的依云(Evian)和富维克(Volvic)矿泉水(分别为 3 500 公顷和 3 800 公顷),在保护流域的同时也支持了当地经济发展。其他具有类似项目的品牌有可口可乐和雀巢沃特斯法国公司。另外,在一些水质及水环境问题比较严重的地区,一些双边或多边公共合同关系也涉及准自愿的公私伙伴关系,参与的成员是当地社区、水务机构、自来水公司、农民、森林所有者和省长。这些项目包括拉文流域的防火工作(2 000 公顷,每年支付 9 欧元/公顷),努力降低的硝酸盐含量(按支付率计算为 1 500 公顷,每年 510—760 欧元/公顷),或通过马瑟沃(Masevaux)的水资源,保护山地森林集水区的水质。

　　为了应对农民越来越多地使用化学肥料、杀虫剂和除草剂的问题,1992年,雀巢水务成立了阿格维尔(Agrivair)咨询公司,以保护维特尔(Vittel)天然矿泉水的水质和纯度,后来又将努力扩展到邻近的集水区。康婷矿翠(Contrex)和雀巢这些品牌都依赖于孚日平原 1 万公顷土地的水资源,雀巢和阿格维尔在 7 年内投资超过 2 450 万欧元,并且设计了一套系统,以补偿农民在具体实践中的行为改变,或获得土地和在针对地下水保护的条件下免费租赁。实践变更的付款率平均为 200 欧元/公顷/年;农民也有资格获得每个农场 15 万欧元的改善资金。这需要农民在具体实践中改变行为,包括放弃玉米生产和农用化学品、降低放养率、提高施肥效率。自该计划推出以来,阿格维尔已将其流域保护计划从专注于农业系统的计划扩展到更广泛的领域,以解决城市和工业影响地下水水质的问题。通过与该地区的 11 个城市以及地方和国家组织的密切合作,阿格维尔最近致力于推动在铁路轨道、学校、机场,以及停车场等场所禁止使用农用化学品、收集和回收所有危险的城市和工业用水等流域水质和生态环境。

3.西班牙东北部的"埃尔巴霍埃布罗"项目

在 20 世纪,西班牙的一些生态系统服务项目开始以水文服务为目标。例如,从 20 世纪 40 年代到 20 世纪 80 年代运行的国家造林计划。该计划为 3 亿公顷土地造林,目的是改善集水区的生态条件,进而提高森林生产力。尽管已有这些造林计划,西班牙流域服务的付费项目仍被认为是概念化的早期阶段。然而,目前有明显的机会或条件有利于流域投资计划的采用。例如,国内水资源的时空分布不均、气候预测表明未来水文服务将面临风险,以及欧洲森林政策明确支持与森林和水有关的激励机制(详见 2007 年和 2011 年《欧洲森林》决议、2014—2020 年农村发展计划、《水框架指令》等)。西班牙法律,包括《生物多样性自然遗产法》(第 42/2007 号)和《关于山脉的第 43/2003 号法律》,也有可能支持国家对生态系统服务机制的支付。前者设立了一项基金,以支持为实现可持续森林管理和保护森林及自然区域而采取的措施。后者引入了对森林所有者的补贴或与他们签订合同的模式,以确保从森林中获得积极的外部性(如土壤保护和防洪护堤等)。

尽管如此,目前只有少数案例研究可明确地归类为生态系统服务付费项目,因为这些案例特别提到水文服务是其主要目标。例如,在西班牙东北部的加泰罗尼亚,瓶装水公司向土地所有者提供"经济服务付费",以换取当地农民及土地所有者作出对土地和含水层的环境相对有利的行为。此外,西班牙是少数试图建立取水信用体系的国家之一,特别是在阿尔托瓜迪亚纳(Alto Guadiana)流域。然而,由于当地机构的腐败行为导致这些努力以失败告终。

"埃尔巴霍埃布罗"(El Bajo Ebro)项目位于西班牙东北部,是 2002 年建立的一个公私合作的、以恢复河流管理为目的的自愿协议。该计划旨在逐步恢复其盆地下部的埃布罗河部分,该部分已经过工程项目的高度修改。公共和私人激励措施支持一系列洪水冲击,目的是恢复河流过程,从而改善河流生态系统的各种自然功能。虽然以上举措减少了财政收入,但监测结果显示,河流生态状况得到了改善,社会预期的福利收益等也足以促进水电运营商进行生态系统服务付费。

4. 意大利的《连接环境法案》

意大利流域服务立法框架目前非常分散。但近年来,这种状况有所改善。2015 年,欧盟《水框架指令》在本国法令(DM 39/2015)中得到承认,该法令引入了"污染者付费原则"以及与不同用水有关的环境和资源成本的估算方法。该方法允许在水价中包括与可持续流域管理干预有关的成本,该法令代表了重大的文化和法律变革。直到 2015 年,水务公司的投资计划才允许进行灰色基础设施投资。1988 年,公用事业公司开始将其收入的 2%(在 2012 年增加到 4%)分配到其处理厂所在的山区城镇,以间接支持流域保护。

2015 年底,意大利颁布了《连接环境法案》,该法案首次在意大利明确提及"生态系统服务付费"。特别是,该法案要求政府制定新的立法,以引入生态系统服务付费系统,包括在意大利发展此类机制的规则和设计指导。虽然"生态系统服务付费"一词最近才出现在意大利法律中,但意大利立法者自 20 世纪初以来一直支持生态保护补偿金,第 1775/1933 号法令引入了水电生产费,以补偿当地市政当局的环境和经济损失。根据《加利法案》(第 36/1994 号法律),在皮埃蒙特和威尼托两个地区向提供饮用水的山区提供补偿,由公民支付额外费用。在这两个地区,部分补偿费用也用于降低水文地质风险的干预措施。就皮埃蒙特而言,按照第 13/1997 号"区域法"的规定,投资总额为 500 万欧元。

在地方层面,有许多水务局或区域公园与土地所有者达成协议,将防洪等景观管理工作分包,以改善生态系统服务的提供。例如,在托斯卡纳的一个山地盆地,"土地管家"项目每年向市政联盟的农民和森林所有者提供支付,以提供防洪并最终参与森林水文业务。就利用欧洲资金进行流域投资而言,前景令人鼓舞。还有一个预算为 2 000 万欧元的综合"生活"(LIFE)项目,用于管理伦巴第地区,生态系统服务付费成为该项目未来发展治理模式新的参考。在对一些试点地区的生态系统服务进行评估之后,"生活+"(LIFE+)开始开展生态系统服务付费,以解决水文地质风险、饮用水威胁和地下水补给,以及保护当地鱼类栖息地等问题。这种积极的政策趋势在私人金融部门也很明显,私人银行的重要环境基金发布了第一个意大利自然资本补助计划,使用生态系统服务付费或基于生态系统的方法与私人利益相关者签订 350 万欧元的合作项目。

正确识别特定生态系统服务的受益者以及财产所有权的分散化,对于生态系统服务付费计划的顺利实施是一个严峻的挑战。但是由于立法支持(包括旧的和新的)以及越来越多地使用欧盟和区域资金,现有和新的流域服务付费最佳做法正在巩固形成一个有前途的工作框架,以提供更好的水文服务。

5. 英国"上游思维"项目

在英国,由于资金可用于激励更好的土地管理实践和保护生态系统服务,加之政策重点转移等原因,流域管理成为一个快速增长的领域。在欧洲国家中,由于政府改变政策以鼓励地方主义和较小规模的区域和地方社区参与,加上私人拥有但受公共监管的水务公司的支持,这种转变在英国最为明显。2009 年至 2015 年期间,公共水监管机构(称为 OFWAT)评估的一项成果是 100 多家公司批准了集水区管理计划。自此,水务公用事业投资了 7 700 万欧元用于全国 100 多个流域管理计划和调查。在 2015 年至 2020 年期间的"公共水监管机构价格评估(2014)"中,"自来水公司计划包括大约 300 个流域计划和调查"。"公开"的集水开支也增加了约 3 000 万欧元。因此,私营自来水公司愿意投入数百万英镑,以节省运营和资本投资,并在集水区提供多种效益。私营水务公用事业并非集水区管理计划的唯一资金来源。事实上,"流域服务计划"几乎所有付费都使用了流域敏感农业资本补助计划资金,以帮助农业投资改善基本工程,并补充支付改善水质的公用事业。在分别记录于 2011 年和 2013 年流域投资基准研究中,英国负责三分之一的欧洲项目和近三分之二(2 430 万美元)的欧洲交易。与公共水监管机构批准的大约 300 个流域计划和调查平行,2013 年拨款 200 万欧元用于改善流域合作伙伴关系的建立。虽然并非所有这些计划和调查都将合并为长期流域投资计划,但利息无疑都在增加。

对英国流域管理计划支付总额的分析显示,虽然在"流域投资"的定义方面,不同来源之间可能存在一些模糊性,但流域管理计划的数量在明显增加。西南水务(South West Water, SWW)是一家受监管的私营公司,管理着自然水和污水管网,为英格兰西南部的近 60 万名客户提供服务。随着 2008 年埃克斯穆尔沼泽项目的成功,西南水务了解了整个集水区方法的潜力,并启动了一项"伞式计划",将一个名为"上游思维"(Upstream Thinking)的流域服务计划的许多不同付费分组。"上游思维"旨在改善河流集水区的水质,以降低水处理成本,并提供多种效益,如减缓气候变化和保护生物多样性。2010 年,公共水监管机构批准了西南水务的"上游思维"项目,2010—2015 年的预算接近 1 200 万欧元。在 2015 年至 2020 年期间,"上游思维"已经为新项目另外支付 1 200 万欧元,该项目主要针对德文郡和康沃尔郡的 11 个流域,是对 2010—2015 年计划的扩展。2016 年和 2020年,该项目分别恢复了 1 948 公顷和 3 000 公顷沼泽地,一个雄心勃勃的目标表明西南水务对流域投资模式的承诺正在逐步兑现,并对生态系统服务付费项目的继续发展起到了很好的示范作用。

(二)《水框架指令》对欧盟流域管理的作用

《水框架指令》旨在建立水政策领域的社区行动框架,要求成员国制订流域管理计划。这也推动建立新的利益相关者网络和协调流域管理知识体系以及可以促进投资的新工具，包括私营部门的投资。此外，在一些成员国，"污染者付费原则"和"用户付费原则"的应用可能是许多公用事业水费制度中环境水价应用的强大推动力。虽然德国一直采用以上原则，但意大利的一些公用事业公司正在探索如何投资新立法领域，这些领域定义了环境和资源成本（ERC）的规则以及通过关税制度恢复生态系统。具言之，《水框架指令》对欧盟流域管理的作用主要体现在以下方面。

第一，自然资本融资机制旨在为欧洲的保护融资开辟道路。2014 年，欧盟委员会启动了由欧洲投资银行资助的自然资本融资机制（NCFF）的三年试点工作。在第一阶段，自然资本融资机制的贷款和投资预算高达 1.41 亿美元，用于支持采用基于生态系统的方法应对自然资源和气候适应挑战的项目。其目标专注于"可融资"性，既可以产生收入，也可以节省成本，这种做法可能会刺激寻求投资及保护项目的私人资本。2017 年，自然资本融资机制与位于荷兰的企业融资机构"重建欧洲资本"（Rewilding Europe Capital）签署了第一份贷款协议。重建欧洲资本表示，将利用自然资本融资机制的资金投资，并在欧洲 20—30 个工厂（主要位于湿地生态系统）进行保护和生态恢复的"商业案例"。自然资本融资还启动了自然资本融资机制与城市项目，该项目专门用于资助自然基础设施，如自然保护洪水、可持续城市排水系统、保留盆地、湖泊、池塘、流域管理等。支持基于欧洲投资银行贷款和基于赠款的技术援助，最高可达 100 万欧元。

第二，绿色基础设施的高级信号。在欧盟层面，2014 年欧盟委员会关于《天然水保持措施（NWRM）》的政策文件认可绿色基础设施具有成本效益的广泛潜力，可以实现《水框架指令》《洪水指令》和《鸟类和栖息地指令》中规定的目标。但它确定需要更好地将绿色基础设施概念纳入流域管理计划,改善各种政策领域的协调规划和融资,并提高决策者对"天然水保持措施"多重效益的认识。2017年,欧洲委员会将向"地平线2020"资助的项目提供超过3亿欧元的资金,这些项目在城市中展示了基于自然的创新解决方案和大规模使用基于自然的水文气象风险解决方案作为传统建筑基础设施替代方案的试点。

第三,在企业水资源管理方面,欧洲已经获得强势动力。在过去几年中,私营部门在绿色基础设施方面的自愿支出并没有太大影响,但这可能会发生改变。水资源管理的概念已被广泛接受。欧洲水资源管理标准已在比利时、法国和德国试行流域规划工作。其创建者欧洲水伙伴关系启动了一个农业部门水资源管理集体行动平台,尤其是瓶装水公司对这一新标准特别感兴趣。

第四,2017—2020年国家和地区发布的绿色基础设施政策和指导意见。新的国家级战略和指导将在未来几年中在一些欧洲国家取得成果。2017年,德国提出国家绿色基础设施概念,指导绿色基础设施与联邦政策的整合。从2017年开始,丹麦的"绿地图"有助于指导国家自然战略的规划和实施,该战略优先考虑自然区域的连通网络。2017年,瑞典开始进一步开展工作,以制订区域绿色基础设施行动计划,并制定国家绿色基础设施战略,以指导保护和规划决策。此外,2015年对西班牙自然遗产和生物多样性法的更新(第33/2015号法律)确定了到2018年完成国家和地区一级绿色基础设施战略的目标。另外,意大利开始探索将生态系统服务付费纳入自然保护区治理。例如,艾米利亚—罗马涅地区(意大利北部)的波河三角洲公园已经运行了4个成功的生态系统服务付费方案,它们涉及狩猎、捕鱼、蘑菇和松露采摘以及文化服务等传统活动,符合联合国教科文组织《人与生物圈宣言》,这也证明作为内生过程而发展起来的这些做法在支持保护和生态系统服务提供方面是非常有效的(Gaglio,2023)。

第二节　市场化生态保护补偿国内典型案例分析

近年来,我国的生态保护补偿模式上以政府为中心的纵向生态保护补偿为主,一些省市在市场化、多元化生态保护补偿方面也做了一些有益探索和实践,主要以水质交易、异地开发、水权交易和地票交易等为代表。本节主要分析以上市场化生态保护补偿制度产生的背景、具体的运行机制、取得的进展、存在的问题、需要改进和提升之处,以及可供广泛复制的背后机理,以期为上海乃至全国市场化、多元化生态保护补偿机制的广泛实践提供经验和参考。

一、基于水质交易的模式——以"新安江流域"为例

新安江,其上游隶属安徽省,下游为浙江乃至长三角地区重要的水源地(乐天中,2019)。为加强新安江的水污染防治,2012 年,安徽、浙江启动全国首个跨省流域生态保护补偿机制,首轮试点期限为 3 年(2012—2014年),并签订《新安江流域水环境补偿协议》,补偿方式主要以政府补偿为主导。第二轮试点期限为 2015—2017 年,签订《关于新安江流域上下游横向生态保护补偿的协议》。2017 年,设置新安江绿色发展基金,市场化生态保护补偿机制逐步建立。根据环保部环境规划院 2018 年 4 月编制的《新安江流域上下游横向生态保护补偿试点绩效评估报告(2012—2017)》,自试点实施以来,新安江上游水质为优,连年达到补偿标准,并带动下游水质与上游水质变化趋势保持一致。新安江上下游坚持实行最严格的环境保护制度,实现了生态、经济、社会效益多赢。因此,2018 年 10 月,继续签订第三轮生态保护补偿协议,浙皖两省每年各出资 2 亿元,设立新安江流域上下游横向生态保护补偿资金,并积极争取中央财政资金,同时延续流域跨省界断面水质考核(见表 2.1)。

表 2.1 新安江流域三轮生态保护补偿协议方案

协议内容	第一轮（2012—2014 年）			第二轮（2015—2017 年）			第三轮（2018—2020 年）探索市场化生态保护补偿	
	年份	中央财政	两省各投入	年份	中央财政	两省各投入	年份	两省各投入
补偿资金	2012	3亿	1亿	2015	4亿	2亿	2018	2亿
	2013	3亿	1亿	2016	3亿	2亿	2019	2亿
	2014	3亿	1亿	2017	2亿	2亿	2020	2亿
考核指标	两省跨界断面高锰酸盐指数、氨氮、总氮、总磷四项指标测算补偿指数 P 值。			同第一轮			水质考核指标进一步提高，在水质考核中加大总磷、总氮的权重，提高了水质稳定系数，由第二轮的 0.89 提高到 0.90。	
补偿依据	若 P>1，安徽补偿浙江 1 亿元；若 P≤1，浙江补偿安徽 1 亿元；不论上述何种情况，中央财政 3 亿元全部拨付给安徽省。			若 P>1 或出现重大水污染事故，安徽省补偿浙江 1 亿元；若 0.95<P≤1，浙江补偿安徽 1 亿元；若 P≤0.95，浙江省再补偿安徽 1 亿元。不论上述何种情况，中央财政补偿资金全部拨付给安徽省。			同第二轮	

资料来源：黄山市政府网站，http://zw.huangshan.gov.cn/OpennessContent/show/1456716.html。

　　"新安江协议"将"水质"保护目标作为唯一构成要件和考核依据,构建了跨省流域生态保护补偿制度。虽然这种双向可逆的生态保护补偿责任制度可以激发流域上下游各区段的水污染治理与生态环境保护积极性,但从法律角度考虑,"新安江协议"还有几点值得商榷。

　　首先,"协议"的法律属性未明确。有观点认为,由于协议方均为省级政府,其形成行政法上的权利义务关系,应当适用行政法调整或者运用行政救济解决争议(杜群和陈真亮,2014);还有观点认为,由于流域生态保护补偿体现了生态利益的再分配,其本质是民法中关于自然资源的物权处分关系,应适用民法或者民事救济来解决争议(潘佳,2017)。根据新公布的《生态保护补偿条例》第十五条之规定,"新安江协议"属于"江河流域上下游、左右岸、干支流所在区域"间开展生态保护补偿中的"地区间横向补偿"①。同时,根据该条例第十八条第二款之规定,"因补偿协议履行产生争议的,有关地方人民政府应当协商解决;协商不成的,报请共同的上一级人民政府协调解决,必要时共同的上一级人民政府可以作出决定,有关地方人民政府应当执行"。由此可知,新法采纳了第一种观点,即采用行政救济解决地区间横向补偿中政府间争议,但是,对于争议解决中具体的考量因素等内容,仍有待出台实施细则以进一步完善。

　　其次,协议主体未明确。我国《环境保护法》(2014 修订)第三十一条规定,生态保护补偿受益方和保护方地方政府之间有通过协商确定具体生态保护补偿方案的权力,但却未明确规定进行协商的适格主体应为哪一级政府,因此安徽和浙江省政府进行协商在法律上是否为适格主体,仍然存疑。虽然新公布的《生态保护补偿条例》第十四条也规定了"受益地区"与"生态保护地区"人民政府通过协商等方式建立生态保护补偿机制,还规定"上级

---

① 《生态保护补偿条例》第十五条:地区间横向生态保护补偿针对下列区域开展:(一)江河流域上下游、左右岸、干支流所在区域;(二)重要生态环境要素所在区域以及其他生态功能重要区域;(三)重大引调水工程水源地以及沿线保护区;(四)其他按照协议开展生态保护补偿的区域。

人民政府可以组织、协调下级人民政府之间开展地区间横向生态保护补偿"①。但是,仍然未明确规定可以签订生态保护补偿协议的适格主体具体为哪一级政府,乡(镇)级人民政府是否也可以?

最后,违约责任未落实。尽管"新安江协议"对水质不达标时安徽省政府所应承担的违约责任进行了约定,但是除了资金交付这一主给付义务之外,对于附随义务的履行情况也应明确。例如,当合理使用补偿资金的义务得不到履行时,应当如何救济并没有明确规定(陈璐,2018)。新公布的《生态保护补偿条例》第十八条也只是规定了生态保护补偿协议的法律属性,如果因协议履行发生争议,可以协商解决;协商不成的,则可以通过行政救济的方式,"报请共同的上一级人民政府协商解决"。但是,对于一些附随义务的履行情况仍然有待明确。

二、基于异地开发的模式——以"浙江金华—磐安"为例

浙江省磐安县地处天台山,是浙江的生态高地、经济洼地。为保护磐安县饮用水水源地,使水质保持在三类饮用水标准以上,上游磐安县和金华市进行异地合作开发,将上游磐安县招商引资项目引入金华市开发区,磐安县政府授权金磐开发区县级政府经济管理职能。金华市出让磐安开发区,促进了磐安县经济发展,也推动了磐安县生态环境保护。上游的磐安县水体不受污染,下游就能享受清洁的水源(陈坤,2014)。"金磐模式"采用异地开发模式,将水源区附近部分企业搬迁到开发区内,原有水源地政府则从开发区获得税收补贴,作为经济发展受限的补偿资金,这使饮用水水源地得到了有效保护,这种异地开发的生态保护补偿模式,为重要生态保护区和生态敏感脆弱区提供了异地发展的空间和区域,帮助为保护生态而发展受限的地

---

① 《生态保护补偿条例》第十四条:国家鼓励、指导、推动生态受益地区与生态保护地区人民政府通过协商等方式建立生态保护补偿机制,开展地区间横向生态保护补偿。根据生态保护实际需要,上级人民政府可以组织、协调下级人民政府之间开展地区间横向生态保护补偿。

方政府实现"造血式"的生态保护补偿,促进其经济社会可持续发展。

但是,该种异地开发生态保护补偿模式在实践中仍存在一些法律困境。一是生态保护补偿立法阙如,导致在诸多异地开发生态保护补偿中,经济开发与生态保护补偿利益关系未明晰,一定程度上阻碍制度的实施。例如,开发过程中产生生态损害或者环境侵权,法律责任的承担主体以及责任划分界限不清,难以通过法律程序保障权利的实现。二是资金及过程监管存在一定风险,异地开发生态保护补偿同时属于生态扶贫的创新模式,地方政府可能会过于强调对生态产业的培育,而缺少对贫困地区生态环境可持续发展的深入关注,需要法律法规予以制度化的约束。同时,对于补偿资金的支付与保管,也应有法律监督保障,以使生态保护补偿落到实处。新公布的《生态保护补偿条例》第十三条①虽然也对生态保护补偿资金制度作出明确规定,但是主要针对第二章的"财政纵向补偿"类型,是否适合于"地区间横向补偿"和"市场化生态补偿",仍有待进一步明确。

三、基于水权交易的模式——以"浙江东阳—义乌"为例

用水权交易,主要是通过市场的价格机制来分配水资源,从而达到水资源的最优配置以及水资源使用与保护的平衡,实现水资源可持续发展(王慧,2018)。党的十八大提出,积极开展水权交易试点,最终全面建成完善的水权交易市场,以满足部分缺水地区的新增用水需求,促进水资源的优化配置。②

---

① 《生态保护补偿条例》第十三条:地方人民政府及其有关部门获得的生态保护补偿资金应当按照规定用途使用。地方人民政府及其有关部门应当按照规定将生态保护补偿资金及时补偿给开展生态保护的单位和个人,不得截留、占用、挪用或者拖欠。由地方人民政府统筹使用的生态保护补偿资金,应当优先用于自然资源保护、生态环境治理和修复等。生态保护地区所在地有关地方人民政府应当按照国家有关规定,稳步推进不同渠道生态保护补偿资金统筹使用,提高生态保护整体效益。
② 截至 2019 年 12 月底,中国水权交易所累计完成水权交易 465 单,其中区域水权交易 9 单,取水权交易 81 单,灌溉用水户水权交易 375 单,累计交易水量约 31.61 亿立方米,交易金额 20.92 亿元。

浙江省东阳市位于金华江上游,是浙中交通枢纽。浙江省义乌市位于金华江下游。东阳市水资源相对丰富,供水能力强,不仅能满足东阳市正常用水,还有约3 000万吨水富余。义乌市水资源相对紧缺,市区供水能力每天只有9万吨,不能满足义务经济发展需求。因此,东阳市政府与义乌市政府双方约定,东阳市政府每年向义乌市提供5 000万立方米的饮用水,义乌市政府向东阳市政府一次性支付2亿元。另外,2003年黄河委员会在宁夏、内蒙古确定了5个水权转换试点,上游的宁夏灌溉区通过水权改造节约了大量用水,并交易给下游内蒙古,供其灌溉使用并且卖给当地水电站(刘晓岩和席江,2006)。宁夏、内蒙古的跨行业水权转换属于二级市场中宏观领域的水权交易,这种水权交易方式是在当地政府主导下进行的大规模、跨行业水权转换。宁夏案例说明,在二级水权交易市场中,政府起着主导作用。

作为全国首例,东阳和义乌的水权交易曾受到广泛关注,因为该案开创了我国水权交易制度的先河(胡鞍钢等,2002),但也引发了一些争论。首先,地方政府是否有权对水资源进行交易?根据《中华人民共和国宪法》(2018年修正)和《中华人民共和国水法》(2016年修正),水资源属于国家所有。东阳市并不享有水权,所以它不能进行水权的转让,东阳市不拥有水资源所有权,更不是水资源所有权的转让主体(崔建远,2002)。此外,在权属不清的背景下,政府推进的水权交易可能会损害相关利益人的权益。譬如,水权交易由于扩大用水总量会损害水资源体系,水权交易会损害水源地居民的利益。地方政府之间的交易,并不能使水源地附近的农民直接受益,反而会影响其基本生存和经济发展。近年来,虽然水权交易的种类有所扩充,包括区域水权交易、取水权交易、灌溉用水户水权交易等,但是水权市场的完全建立仍受制于诸多实践难题和法律障碍。

四、基于"地票交易"的模式——以重庆市为例

2007年,国家批准重庆市为全国统筹城乡综合配套改革试验区。按照

统筹城乡发展的要求,在城镇化过程中要实现人地联动。同时,重庆与我国大多数省市一样,面临城、乡建设用地双增长的现实问题。在此背景下,重庆市启动"地票改革"。所谓"地票",指"土地权利人自愿将其建设用地按规定复垦为合格的耕地等农用地后,减少建设用地形成的在重庆农村土地交易所交易的建设用地指标"①。简言之,"地票"指城乡建设用地增减挂钩指标,"地票交易"就是指标交易。"地票交易"的主要思路是,以耕地保护和实现农民土地财产价值为目标,建立市场化复垦激励机制,引导农民自愿将闲置、废弃的农村建设用地复垦为耕地,形成的指标在保障农村自身发展后,结余部分以"地票"方式在市场公开交易,可在全重庆市城乡规划建设范围内使用。"地票交易"的主要流程为:首先,确权颁证;其次,组建重庆市农村土地整治中心,出台复垦标准体系及监管制度;最后,建立规则及交易流程(见图2.1)。

就实践效果而言,尽管"地票交易"存在一定问题,仍有许多地方需要进

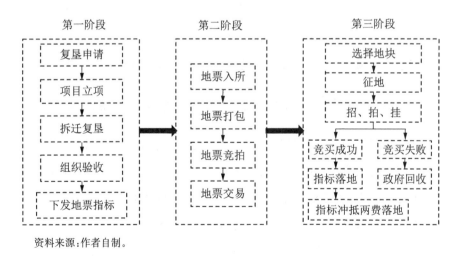

资料来源:作者自制。

图 2.1　重庆市地票交易运行流程

---

① 《重庆市地票管理办法》(重庆市人民政府令第 295 号)第 2 条第 2 款。

一步改进,但该制度对于耕地保护、增加农民收入、缓解城市建设用地紧张等均具有积极意义。"地票交易"的交易模式与市场化生态保护补偿的交易模式非常接近,在上海市场化、多元化生态保护补偿推进过程中可以适当借鉴。

第三节　市场化生态保护补偿国内外经验与启示

虽然国内外市场化生态保护补偿的成功案例较多,但也有很多项目未获成功。只有少数流域生态保护补偿、生物多样性补偿和与碳交易相关的生态保护补偿取得了一定进展。决定生态保护补偿是否成功的关键因素在于完善的法律法规、清晰明确的产权、确定的补偿标准,以及政府与市场的相互结合。此外,国外生态系统服务付费均由需求驱动,即认为生态系统服务的稀缺性推动市场化生态保护补偿制度的完善。这里的稀缺性,主要指生态系统服务,可能涉及水质、防洪、气候稳定或生物多样性。如果一项生态系统服务不稀缺(或仅仅被认为是理所当然的),则显然无需为此付费。

一、完善的法律法规体系是开展市场化生态保护补偿的前提

国外生态保护补偿案例取得成功的关键在于法律法规的建立与完善。通过制定相关法律法规可以刺激市场化生态保护补偿的高效运行和实施,同时也可以防止"搭便车",克服组织分散受益人的集体行动成本。因此,许多最大的生态系统服务付费机制一定基于严格的法律。这也解释了为什么生物多样性生态保护补偿、流域生态保护补偿机制主要在少数发达国家得以成功开展。例如,美国湿地缓解银行的成功主要依赖于《清洁水法》《安全饮用水法》等法律明确各方的权利、义务和责任、详细规定湿地缓解银行的设计和申请要素、明确交易的标准单位、数额和价格、有效的长期监管措施

等;澳大利亚《墨累—达令盆地协定》对水权交易的规定,欧盟《水框架指令》
对欧洲水质标准的统一、法国《国家森林定向法》对森林在提供若干商品和
服务方面作用的正式承认;意大利的《连接环境法案》要求政府制定新的立
法,以引入生态系统服务付费机制,包括在意大利发展此类机制的规则和设
计指导。大多数发展中国家缺乏法律法规的规制,对机构缺乏必要的监管
治理能力。我国《环境保护法》虽然明确规定建立健全生态保护补偿制度,
但对具体的权利义务关系、补偿内容、补偿标准、补偿方式、法律责任的承担
等缺乏规定。虽然《生态保护补偿条例》作为一项行政法规,是生态保护补
偿专门立法的里程碑,但是基于部门利益的协调难度以及涉及领域广泛等
原因,该行政法规并未正面回应以上问题。因此,还需进一步修改和完善该
条例。

二、清晰明确的产权是开展市场化生态保护补偿的交易基础

就大多数国外生态保护补偿而言,产权明晰是市场化生态保护补偿取
得成功的重要原因。与规范性法规相比,通过明确产权进行生态系统保护,
具有较低的管理成本。政府只需对森林、生物多样性保护、湿地保护等创建
产权,将未来的分配留给市场(Ruhl et al.,2020)。通过在环境市场中使用
可交易的许可证,将规范性法规与产权相结合。例如,纽约、西雅图流域生
态系统服务付费制度之所以取得成功,主要也是因为流域上游的土地所有
者的产权清晰确定,容易达成协议。又如,澳大利亚流域盐度信贷交易,也
是因为产权制度明确,才可以进行有效的市场交易。我国法律也应当明确
规定自然资源资产产权制度。虽然我国《宪法》明确规定,"自然资源国家
(全民)所有"。但这样的规定只具有宪法层面的"宣示性意义",如何使其更
"接地气"并具有法律可执行性,需要其他法律进行"具体化"规定。因为"国
家所有权"中的"国家"虽从表面上看是一个主体,但在所有权的利益格局上
"国家"又包含数不清的不同利益主体,它们之间不但没有协调统一的利益,

而且还经常出现各种纷争,需要借助行政或者司法的手段予以解决(孙宪忠,2002)。针对以上问题,我国与环境保护相关法律并未作出明确确定,无论新修订的《民法典》之"物权编"对"自然资源国家所有权"的简单沿袭,还是《环境保护法》的避而不谈,都没有对"自然资源所有权"的具体化进行有效法律规定。建议将"自然资源国家所有权"划分为两种不同的模式,一是对于土地、流域、矿产、湿地、海洋等普通自然资源资产,法律明确授权各地方政府代表国家行使完整的所有权权能;二是对于"自然保护地、国家公园等特殊自然资源资产,国务院委托地方政府行使所有权"(邓海峰,2021)。以上规定既兼顾了民法理论基础,又符合自然资源分级分类行使的改革需求。①同时,也为上海乃至全国市场化生态保护补偿制度的构建确定交易基础。

三、科学明确的补偿标准是市场化生态保护补偿制度的核心

补偿标准的确定一直都是生态保护补偿能否成功的核心要素。而生态系统服务价值的确定方法直接关系到生态保护补偿标准的确定。目前主要的生态系统服务价值确定方法包括以下几种。一是市场价格法。在市场上交易的那些资源的市场价格反映了消费者购买资源的意愿,而这实际上就是对该产品的需求。当消费者在稀缺资源的不同用途和替代用途或机会中进行选择时,他们就会显示出偏好,而经济价值就是所有消费者在该市场上支付意愿的总和。经济价值是根据人们以不同价格购买的数量和以不同价格供应的数量,利用标准的经济技术来衡量市场商品的经济利益来确定的。二是差旅费用法。某些生态系统服务,例如美学观点和娱乐体验,可能无法在市场上直接买卖。因此,该方法从出于娱乐、审美和文化目的到特定目的地的旅行成本中收集数据,并且旅行的时间和成本代表了支付意愿。但是,

---

① 《生态文明体制改革总体方案》在"健全自然资源资产产权制度"部分提出了"探索建立分级行使所有权体制"的改革构想。

旅行成本的衡量以及是否将旅行时间包括在旅行总费用中仍然存在争议。三是生产力法,用于估算有助于生产商品的生态系统产品或服务的经济价值。在这种情况下,生态系统服务在支持或保护其他市场商品生产的范围内是生产中的投入,而产出的市场价格变化提供了这些服务的价值估算。四是享乐定价法,用于估计直接影响财产价值的生态系统或环境服务的经济价值,通常用于估价影响住宅财产价格(例如空气质量和风景秀丽)的环境便利设施。关于水资源、水的供应或质量通常是购买者在购买房地产时认可并重视的属性。享乐定价法通常反映房地产市场中的实际经济行为,尽管该方法提供了隔离生态系统服务对财产整体价值贡献的工具。五是损害与替代成本法。基于避免因服务损失而造成损害的成本,替换生态系统服务的成本或使用以下方法提供替代服务的成本来估算生态系统服务的价值。所采用的前提是,人们将改变其行为或花钱以避免不良后果,从而招致更换特定生态系统服务的费用或次之的替代方案的费用。以上方法各有优劣,针对不同需要运用在不同场合。但同时,由于生态系统服务价值的确定方法不统一,计算出的结果不具备普适性,也就难以进行市场交易。因此,应当努力建立生态产品价值评估机制,为市场化、多元化生态保护补偿机制的完善建立坚实基础。

四、政府与市场有机结合是市场化生态保护补偿的主要路径

从国际生态保护补偿成功的案例来看,生态保护补偿绝对不是单纯依靠市场的力量,而是政府、社会、市场三者的有机结合。例如,美国的流域生态系统服务付费制度,也需要政府制定一定政策文件才能顺利开展。又如,在澳大利亚墨累—达令盆地的水权交易中,从规划的制定、《水法》的修订和完善、水权的初始分配、水市场的设立等环节,政府均发挥了重大作用。政府在生态保护补偿方面,可以制定和发布明确的法律法规、有效的政策文件,可以有效组织实施生态保护补偿项目,并且可以提供有效的财政支持。

这些都是单纯的市场手段不能替代的。但是,单纯的政府补偿也存在一定的问题:一是"信息不对称"和"权力寻租"等造成的补偿标准偏低,不能对真正的生态系统保护者的利益进行有效保护;二是政府补偿毕竟资金有限,以政府为主的生态保护补偿并非真正的"造血式"生态保护补偿,难以调动社会的力量,最终使生态保护补偿效果大打折扣。因此,唯有政府和市场的相互结合,才是市场化生态保护的正确路径。

另外,尽管生态系统服务项目的目的是购买某种生态服务,但社会组织及政府积极引导和推广生态服务项目的原因则是多元的。例如,目前最大的在运转的生态服务功能付费项目——美国 CRP 项目,每年支付约 18 亿美元给 76.6 万位合同相关人(其中大多数为农民和土地拥有者),用以"租借"共计 3 470 万英亩(约 14 万平方公里)的土地。[①]参与该项目的农民被要求采取特定的种植方式和作物,目的是"可以长期保护资源来改善水质、控制水土流失、增强水禽和野生动物的栖息地"。该项目的推广或多或少是因为美国当时沙尘暴问题的日益严峻,导致美国联邦政府决定开始通过生态系统服务付费的方式,鼓励农民少种植贫瘠且易导致水土流失的土地,从而帮助解决沙尘暴问题。

政府与市场结合是生态保护补偿的主要路径,也是多元化生态保护补偿的内在需求。对此,应当明确政府和市场在生态保护补偿中的基线与作用。例如,政府主要是法律法规的制定和标准的完善,以及对市场、社会参与生态保护补偿的有效引导和监督。以市场化生态保护补偿为主要方式,进一步深化自然资源所有权制度和有偿使用制度,创新以绿色标识、绿色金融、绿色采购为主的生态产品价值实现机制。

---

① United States Department of Agriculture, "USDA Issues $ 1.8 Billion in Conservation Reserve Payments", 2012-06-29.

第三章
市场化生态保护补偿机制的法律调控

制度的实施需要相应的依据为保障,法律或政策必将成为主要选择(李小强,2020)。由于法律的稳定性、普遍性和国家强制性,使得法律成为制度保障的最佳依据。但是"试点政策"作为一种当下中国所采用的特有方式,由于对中国制度结构具有强大适应性而创造了诸多中国奇迹(汪劲,2014)。例如,碳交易、绿色金融等绿色、可持续的发展制度等,生态保护补偿制度自然也不例外。制度初期的不成熟性,要求相应依据具有一定灵活性和可调整性。因此,探讨如何推进上海建立市场化、多元化生态保护补偿法律制度的建设和完善,不可避免地需要讨论相关法规政策与具体实践。

第一节　市场化生态保护补偿法律法规与政策沿革

2024年4月6日公布的《生态保护补偿条例》(以下简称《条例》),是中国首部专门针对生态保护补偿的行政法规,标志着中国生态保护补偿开启法治化新篇章。《条例》坚持问题导向,聚焦当前存在的问题,完善制度措施,落实好党中央、国务院关于生态保护补偿的决策部署,将行之有效的经验做法以行政法规形式固定下来,同时做好与相关法律法规的衔接。此外,

《条例》在保持现有政策制度连续性、稳定性的基础上,又为今后各地区各部门结合实际继续探索创新留出必要制度空间。

对于市场补偿机制而言,《条例》作出以下四种规定。一是国家充分发挥市场机制在生态保护补偿中的作用,推进生态保护补偿市场化发展,拓展生态产品价值实现模式;鼓励企业、公益组织等社会力量以及地方人民政府按照市场规则,通过购买生态产品和服务等方式开展生态保护补偿。二是国家建立健全碳排放权、排污权、用水权、碳汇权益等交易机制,推动交易市场建设,完善交易规则。三是国家鼓励、支持生态保护与生态产业发展有机融合,在保障生态效益前提下,采取多种方式发展生态产业,推动生态优势转化为产业优势,提高生态产品价值。四是国家鼓励、引导社会资金建立市场化运作的生态保护补偿基金,依法有序参与生态保护补偿。

但总体而言,虽然《条例》对已有"碎片化"生态保护补偿相关法律法规进行了整合和优化,推动补偿立法量质齐升。但是生态保护补偿法治化的具体落实还需要各领域配套制定实施细则和相关技术规程标准,从生态监测能力、相关配套政策等方面,确保生态补偿工作更好推进。本节将对现行生态保护补偿法律制度和政策文件进行梳理,并对存在的问题加以分析和探讨。

一、我国市场化生态保护补偿机制的制度依据

究其本质而言,生态保护补偿机制是一种利益协调机制,该机制对人们的利益进行再分配,达到对失衡不公利益的矫正,也即罗尔斯《正义论》中的"分配正义"和"矫正正义"。市场化、多元化生态保护补偿作为政府生态保护补偿的重要补充,可以更好地调动社会和市场主体的积极性,吸引更多资本投入生态保护补偿,以更好地实现经济社会的绿色、高质量与可持续发展。尽管目前已出台首部生态保护补偿行政法规,但是我国生态保护补偿

立法相较于具体实践仍然存在一定滞后性。目前,我国关于生态保护补偿的制度依据散见于以下法律规范和政策文件中。

(一)法律法规中有关生态保护补偿的相关规定

1. 宪法中的相关规定

宪法作为根本大法,是我国其他法律的立法依据,其对生态保护的规定是生态保护补偿法律制度的基础,《中华人民共和国宪法》(2018 年修正)第九条、第十条①原则上规定了国家自然资源生态保护补偿制度。宪法在强化对自然资源生态保护的同时也提出了对私人利益进行补偿的原则,为上海及长三角地区生态保护补偿法律制度的完善提供了根本依据。

2. 环境保护法律中的相关规定

作为环境保护基本法,《中华人民共和国环境保护法》(2014 年修订)第三十一条明确规定国家建立生态保护补偿制度。《中华人民共和国环境保护法》将生态保护补偿制度确定为我国环境保护的一项基本制度,对我国生态保护补偿法律和制度体系建设起着重要指导作用。有关生态保护补偿制度在一些生态环境保护单行法中也有所涉及。例如作为我国首部流域专门立法,2020 年 12 月 26 日通过的《中华人民共和国长江保护法》(2020)明确规定"国家建立长江流域生态保护补偿制度",以推动形成上下游之间通过补偿方与被补偿方之间的利益协调和共享机制,促进环境福祉的共享,真正形成全流域发展合力,从而推进长江经济带的高质量发展。②此外,还有诸多环境保护领域的单行法分别对各领域的生态保护补偿法律制度作出明确规定。例如,《中华人民共和国森林法》(2019 年修订)第七条、《中华人民共和国水污染防治法》(2017 年修订)第八条,《中华人民共和国水法》(2016 年修订)第二十九条、三十一条、三十五条、三十八条,《中华人民共和国水土保

---

① 参见《中华人民共和国宪法》第九条、第十条。
② 参见《中华人民共和国长江保护法》(2020)第六十三条、第七十六条。

持法》(2010)第三十一条、《中华人民共和国防洪法》(2016 年修订)第三十二条、《中华人民共和国渔业法》(2013)第二十八条、《中华人民共和国草原法》(2013 年修订)第三十九条等都对生态保护补偿作出原则性规定[①]，各单行法从不同的保护利用目标出发，大多规定对开发利用自然资源行为征收费用或对资源保护行为予以补偿，为我国生态保护补偿法律制度提供上位法支持。

3. 行政法规中的相关规定

前文所述《生态保护补偿条例》，是我国首部以生态保护补偿命名并作为立法追求的行政法规，是生态保护补偿领域具有里程碑意义的法律文件。《条例》规定了政府、市场、社会等多元主体参与相结合生态保护补偿方式。不仅明确了相关政府及部门在引导市场化补偿建立和搭建市场参与平台方面的职责，还注重激励个人、企业和其他组织积极融入市场化生态保护补偿，激发社会主体参与并鼓励竞争。就上海市流域生态保护补偿而言，太浦河作为沟通太湖和黄浦江的人工河道，是上海的重要饮用水源，也是长三角地区重要的跨界河流。《太湖流域管理条例》(2011)第十四条、第十七条、第十八条分别规定太湖流域管理机构可对太浦河下达调度指令、制订取水计划等。同时，第四十九条还对流域双向补偿做出明确规定，全国首例"协议水质"——新安江流域生态保护补偿，便以此为依据。[②]

4. 地方性法规及规范性文件对市场化生态保护补偿的相关规定

地方立法先试先行，可以有效促进我国生态保护补偿法律制度的统一

---

① 参见《中华人民共和国环境保护法》(2014)第三十一条、《中华人民共和国森林法》(2019 年修订)第七条、《中华人民共和国水污染防治法》(2017 年修订)第八条、《中华人民共和国水法》(2016 年修订)第二十九条、第三十一条、第三十八条、《中华人民共和国水土保持法》(2010)第三十一条、《中华人民共和国防洪法》(2016 年修订)第三十二条、《中华人民共和国渔业法》(2013)第二十八条、《中华人民共和国草原法》第三十九条。

② 参见《太湖流域管理条例》(2011)第十四条、第十七条、第十八条、第四十四条、第四十九条。

和完善。地方性法律法规中原则性规定生态保护补偿制度的非常多,但对生态保护补偿制度进行专门立法的仍然是少数。《苏州市生态保护补偿条例》(2014),鼓励社会力量参与生态保护补偿活动,确立了多元化生态保护补偿的雏形;①《南京市生态保护补偿办法》(2016)对发展排污权、节能量、碳排放权市场化生态保护补偿作出明确规定;②《无锡市生态保护补偿条例》(2019)规定建立横向生态保护补偿制度,鼓励市场化生态保护补偿发展。③《海南省生态保护补偿条例》(2021)明确规定,建立市场化生态保护补偿机制,逐步推进市场化交易补偿。鼓励社会力量参与生态保护补偿活动,推进生态保护补偿市场化发展。对水资源确权和碳排放权交易作出明确规定。④以上地方性法规都为市场化生态保护补偿法律的专门、统一立法积累了宝贵经验、奠定了坚实基础。

（二）政策文件中有关市场化生态保护补偿的相关规定

党的十八大以来,建立健全生态保护补偿机制被确定为生态文明建设的重要内容,党的十八大报告提出建立市场化生态保护补偿机制。党的十九大以来,生态保护补偿作为生态文明建设的重要制度之一,受到了前所未有的重视。党的十九大报告明确提出"建立市场化、多元化生态保护补偿机制",党的十九届五中全会进一步提出"建立生态产品价值实现机制,完善市场化、多元化生态保护补偿"。党的二十大报告指出,"建立生态产品价值实现机制,完善生态保护补偿制度"。此外,国家各部委也出台了一系列政策文件支持水流、农业、森林等不同领域建立市场化、多元化生态保护补偿机制,鼓励探索绿色金融、生态标识等多元补偿方式(见表3.1)。

---

① 参见《苏州市生态保护补偿条例》(2014)第六条。
② 参见《南京市生态保护补偿办法》(2016)第十九条。
③ 参见《无锡市生态保护补偿条例》(2019)第八条。
④ 参见《海南省生态保护补偿条例》(2021)第十六条。

表 3.1　有关市场化、多元化生态保护补偿的政策文件

标　　题	发布日期	发布部门	主要内容
《推进林业碳汇交易工作的指导意见》	2014 年 4 月	原国家林业局	探索碳排放权交易下的林业碳汇交易。
《健全生态保护补偿机制的意见》	2016 年 4 月	国务院办公厅	开展碳汇交易、排污权交易、水权交易。
《构建绿色金融体系的指导意见》	2016 年 9 月	人民银行、财政部等 7 部委	对社会资本进行生态保护补偿提供新动力。
《水流产权确权试点方案》	2016 年 11 月	水利部、国土资源部	确定 6 个水流产权确权交易试点。
《建立以绿色生态为导向的农业补贴制度改革方案》	2016 年 12 月	财政部、农业部	对农业生态保护补偿做出了具体规定。
《扩大国有土地有偿使用范围的意见》	2016 年 12 月	原国土资源部	国有土地资源有偿使用制度改革。
《加快建立流域上下游横向生态保护补偿机制的指导意见》	2016 年 12 月	财政部、国家发改委等	建立横向跨省流域生态保护补偿试点。
《创新体制机制推进农业绿色发展的意见》	2017 年 9 月	国务院办公厅	加大绿色信贷及专业化担保支持力度,创新绿色生态农业保险。
《推动绿色建材产品标准、认证、标识的指导意见》	2017 年 12 月	原质检总局、住房和城乡建设部等五部委	在浙江湖州等重点区域优先开展绿色产品认证试点。
《关于建立健全长江经济带生态保护补偿与保护长效机制的指导意见》	2018 年 2 月	财政部	对长江上下游生态保护补偿效益凸显。
《建立市场化、多元化生态保护补偿机制行动计划》	2019 年 1 月	国家发展改革委等九部委	市场化、多元化生态保护补偿水平明显提升,市场体系进一步完善。
《生态综合补偿试点方案》	2019 年 11 月	国家发展改革委	与地方经济发展水平相适应的生态保护补偿机制基本建立。

标　题	发布日期	发布部门	主要内容
《引导黄河全流域建立横向生态保护补偿机制试点实施方案》	2020 年 5 月	财政部、生态环境部等部委	建立黄河流域生态保护补偿机制及生态产品价值实现机制，让黄河成为造福人民的"幸福河"。

资料来源：作者自制。

以上政策文件，虽然缺乏法律强制力和稳定性，但是对于指导资源开发补偿、水权交易、排放权交易、用能权交易等市场化生态保护补偿，促进社会主体、市场资本参与生态保护补偿实践起到一定指导和促进作用。例如，2019 年发布的《建立市场化、多元化生态保护补偿机制行动计划》，对市场化、多元化生态保护补偿的主要原则、具体方式、资金来源、补偿范围等作出明确规定，为各领域的具体生态保护补偿实践起到重要引导作用。同时，由于"理论指导实践，实践反作用于理论"，也为生态保护补偿立法的出台奠定了重要基础。

二、上海生态保护补偿法规政策沿革与具体实践

上海对于生态保护补偿制度很早就予以关注和重视，不仅在法规政策中予以明确规定，而且注重在实践中的推广和应用，以推动建立上海"生态之城"。

（一）上海生态保护补偿法规政策沿革

《黄浦江上游水源保护条例》(1985)及其实施细则，虽未明确规定"生态保护补偿"，但是通过规定较为严格的奖惩措施以保护黄浦江上游饮用水水源，进而保障上海市饮用水安全和社会经济发展的平稳运行，这是较为朴素和早期的生态保护补偿探索和尝试。2009 年，上海颁布了《关于本市建立健全生态保护补偿机制若干意见》和《生态保护补偿转移支付办法》，对生态保护补偿的领域（水源地、基本农田）、生态保护补偿方式（政府与市场相结

合)等作出了原则性规定,虽然该《若干意见》只是政府规范性文件,不属于地方性法规范畴,但是对于上海生态保护补偿制度的建立依然起到了重要的指引和推动作用,《生态保护补偿转移支付办法》也为上海生态保护补偿横向转移支付制度建立了基本框架。2011 年,进一步修订《生态保护补偿转移支付办法》,明确规定了包括资金使用、分配、管理等具体实施办法和工作机制。2016 年,在《上海市环境保护条例(修订)》中,明确规定"健全生态保护补偿制度"。除上海地方性规范文件之外,2018 年,国家财政部发布《有关长江经济带建设的指导意见》也明确规定,上海等 11 省市应建立"长江经济带生态保护补偿与保护机制"。此外,还有诸多法规政策文件也对生态保护补偿制度作出明确规定(见表 3.2)。

表 3.2　上海有关生态保护补偿制度的法规政策文件

法规及政策文件	发布时间	主要内容
上海市贯彻《长江三角洲区域一体化发展规划纲要》(2020)实施意见	2020 年 1 月	尽快建立跨区域生态保护补偿机制,推动长三角打造和谐共生绿色发展样板。
贯彻落实《上海市乡村振兴战略规划(2018—2022 年)》的实施意见	2019 年 1 月	增加生态保护和建设支出规模,加大市对区生态保护补偿转移支付力度。
《上海市环境保护条例》(2018)	2018 年 12 月	通过财政转移支付等方式给予经济补偿。
《2018—2020 年环境保护和建设三年行动计划》	2018 年 3 月	完善与本市生态保护红线相匹配的生态保护补偿制度,加大生态保护补偿力度。
《上海市饮用水水源保护条例》(2018 年修正)	2018 年 1 月	建立饮用水水源保护生态保护补偿制度,完善财政转移支付。
《上海市城市总体规划(2017—2035 年)》	2018 年 1 月	开展太湖流域生态保护补偿相关政策研究,探索饮用水源地安全保障机制。
《上海市耕地河湖休养生息实施方案(2016—2030 年)》	2017 年 12 月	加强涉水工程水生生物资源生态保护补偿。
《上海市湿地保护修复制度实施方案》	2017 年 12 月	落实市对区生态保护补偿转移支付办法,完善本市湿地生态效益补偿制度。

续 表

法规及政策文件	发布时间	主要内容
《崇明世界级生态岛发展"十三五"规划》	2016 年 12 月	加大市对崇明的财政支持力度,创新生态保护补偿转移支付办法。
《上海市环境保护和生态建设"十三五"规划》	2016 年 10 月	完善生态保护补偿制度、扩大补偿范围。
《上海市城乡建设和管理"十三五"规划》	2016 年 10 月	实施绿地林地占补平衡,加强湿地保护区建设管理。
《上海市水污染防治行动计划实施方案》	2015 年 12 月	研究跨界生态保护补偿;拓展生态保护补偿范围,与生态保护红线制度相衔接。
《国务院关于依托黄金水道推动长江经济带发展的指导意见》实施意见	2015 年 7 月	研究制定生态红线,落实分类管控制度,完善生态保护补偿机制。
上海市 2015—2017 年环境保护和建设三年行动	2015 年 2 月	完善与生态红线制度相匹配的生态保护补偿机制。
《淀山湖地区中长期发展规划》	2013 年 7 月	建立生态保护补偿转移支付制度,提高生态保护补偿资金的使用效率。
《上海市基本农田生态保护补偿工作考核办法》通知	2013 年 4 月	以"谁保护、谁受偿"为原则,制定基本农田生态保护补偿转移支付制度。
《上海市生物多样性保护战略与行动计划(2012—2030 年)》	2013 年 5 月	探索多样化的生态保护补偿方法、模式。
《上海市主体功能区规划》	2012 年 12 月	完善生态保护补偿转移支付办法及基本农田生态保护补偿机制。
《上海市水务"十二五"规划》	2012 年 6 月	加强饮用水水源地保护,建立完善水生态保护补偿机制。
《上海市环保"十二五"规划》	2012 年 8 月	健全生态保护补偿财政补贴转移支付。
《上海市贯彻〈长江三角洲地区区域规划〉实施方案》	2011 年 1 月	健全长江口、黄浦江、太浦河等流域和饮用水源保护和生态保护补偿机制。
《关于本市建立健全生态保护补偿机制若干意见》	2009 年 10 月	建立公益林、水源地、基本农田领域行政、法律、市场相结合的生态保护补偿。
《上海市环境保护与生态建设"十一五"规划》的通知	2007 年 11 月	健全水源保护区和生态敏感区域生态保护补偿财政补贴和转移支付机制。

资料来源:作者自制。

（二）上海市生态保护补偿的实践沿革

上海市生态保护补偿的实践开始较早,也取得一定成效和积极影响,主要包括以下两方面内容:一是以政府为主的生态保护补偿,二是市场化、多元化生态保护补偿的尝试和探索。

1. 以政府为主的生态保护补偿

2009 年,上海市政府出台了《关于本市建立健全生态保护补偿机制的若干意见》,按照"政府为主、市场为辅,权责对等、市区分担,量力而行、分步推进"的原则,从公益林、水源地和基本农田入手,建立相应的生态保护补偿机制。同年出台《生态保护补偿转移支付办法》,明确建立生态保护补偿转移支付制度,将生态保护补偿纳入市级财政一般性转移支付框架。2016 年,为了进一步完善市对区生态保护补偿转移支付办法,再次修订《市对区生态保护补偿转移支付办法》。该《办法》将国家、上海市重要湿地以及《全国主体功能区规划》确定的国家森林公园等重点生态区域纳入市对区生态保护补偿转移支付范围。同时,《办法》还将经济果林等纳入森林资源的林木,并将其纳入生态保护补偿转移支付范围。2019 年 12 月出台《上海市流域横向生态保护补偿实施方案》(试行),方案提出建立所有区共同参与的"多点互补"的横向生态保护补偿机制;提出上海市流域横向生态保护补偿资金构成(市级资金:统筹中央水污染防治专项和市级财政预算资金;区级资金:各区财政预算资金筹集);通过因素法将上海流域生态保护补偿资金分配到区,分配因素包括水质得分、工作完成得分和工作量得分。

以政府为主的市场化生态保护补偿转移支付政策实施 10 年来,上海市政府不断完善生态保护补偿转移支付政策措施,持续加大生态保护补偿转移支付力度,生态保护补偿转移支付资金始终保持大幅增长的态势,有效调动了各区生态建设和保护工作积极性,相关工作取得良好成效。

一方面,增强了生态保护地区的财政保障能力,不断加大市对区生态保护补偿力度。市对区生态保护补偿转移支付规模从 2009 年 7.4 亿元增加至 2019 年 33.8 亿元,累计安排 204.3 亿元,年均增长 17％。其中,市对区水源地生态保护补偿转移支付从 1.9 亿元增加至 12.9 亿元,累计安排 79.1 亿元,占生态保护补偿转移支付总额近四成,年均增长 21.5％,是生态保护补偿转移支付中占比最高、增长最快的项目。一等和二等基本农田占比提高了 4.3 个百分点,新建公益林 22.5 万亩,公益林资源总量稳步增长,一级养护林分比重上升至 95％,森林覆盖率由 2009 年的 12.58％提高到 2018 年的16.8％,水污染物新增削减量平均每年达 4 055 吨。另一方面,制定本市行政区域内跨流域横向生态保护补偿方案。结合各区流域水环境质量考核和水环境治理各项工作推进情况,研究制定本市行政区域内流域横向生态保护补偿实施方案,加快形成"成本共担、效益共享、合作共治"的流域保护和治理长效机制,进一步促进本市流域水资源保护和水质改善。2019 年本市水源地生态保护补偿合计 12.93 亿元,其中青浦区 4.64 亿元,占全市的35.9％,较 2018 年增加 3 个百分点,为全市第一①。

2. 上海市场化生态保护补偿的尝试和探索

近年来,上海围绕打造"人与自然和谐共生的现代化国际大都市",积极探索符合上海超大城市特点的市场化生态保护补偿方式,在绿色产业支持机制以及绿色金融支持方面,均进行了有益尝试,尤其是绿色金融的发展取得了显著成效。2022 年 7 月 1 日正式实施的《上海市浦东新区绿色金融发展若干规定》,是自浦东新区获得立法授权以来,上海市首次运用立法变通权在绿色金融领域的一次有益尝试。该法规突出了特色优势,深化了开放创新,构建了全方位的绿色金融产品及服务体系,彰显了浦东打造上海国际金融中心核心区的决心与信心,为上海服务于国家绿色低碳转型提供了重要的制度保障。同时,依托上海作为全球第三的国际金融中心的优势,上海近年来在绿色信贷、绿色债券、绿色基金、绿色保险、碳排放交易等领域均取

---

① 上述转移支付资金占比等,主要根据 2018 年全市一级和二级水源地保护面积和青浦区水源地面积以及相关保护情况确定。

得不菲成绩。

一是上海银行业金融机构不断拓展绿色信贷并在诸多领域取得突出成绩。包括：能效融资创新（合同能源管理收益权质押融资、合同能源管理保理融资、与国际金融机构共担风险、推进节能转贷款等）；清洁能源融资创新（例如分布式光伏"阳光贷"）；排放权融资创新（以排污权为抵押标的进行融资支持）；碳金融创新（碳排放权抵押和碳保理融资）；绿色供应链融资创新（对绿色供应链企业提供支持）。

二是上海为推动绿色债券的持续发展贡献了巨大力量。首先，绿色债券的发行主体更加多元，不仅仅限于银行主体，更多涉及公众企业、国际机构、中央国有企业、地方国有企业与合资有限责任公司等类型，越来越多的发行主体对发行绿色债券的积极性显著提升。其次，加强绿色债券的管理并监督募集资金流向，帮助投资者深入了解项目的绿色等级、信息披露真实性、环境效益以及产业政策合规性。最后，债券募集更符合绿色标准。上海绿色债券募集资金主要投向"清洁能源""绿色低碳"和"节能"等项目，这些项目既有长期而稳定的现金流入和清晰的预期收益，又有可预期的环境效益，做到兼顾环境与经济效益。

三是上海绿色基金发展迅猛，投资领域广泛，包括废弃物利用、生物能、太阳能、地热能等清洁能源产业及节能技术产业。上海设立对绿色金融发展意义重大的国家级绿色基金，加快健全绿色金融机制，以调动社会资本投入绿色产业的积极性。上海银行发布《上海银行绿色金融行动方案》，进一步构建"绿色金融＋"服务体系，将基础设施绿色升级、绿色生产和消费、基于"全生命周期"的绿色供应链体系、新能源汽车等纳入服务范围，持续推进基础性、战略性、全局性生态环保项目的落地实施。

四是上海绿色保险种类较多。第一种是环境污染责任险。2023 年 12 月 29 日，上海市浦东新区人民政府、上海市生态环境局、国家金融监督管理总局上海监管局、上海市地方金融监督管理局联合印发《浦东新区环境污染责任保险管理暂行办法》，明确了各级管理部门的职责，以及环境污染责任保险产品、保险机构、投保单位的要求。该办法的施行，为推进浦东环境污染责任保险"苗圃变森林"打下基础，也为全市推进环境污染责任保险制度提供更多经验。第二种是气候保险，上海保险业积极根据市场需求情况，提出多样化气候保险产品，例如"绿色蔬菜气象指数保险""葡萄降水量保险""蜜蜂气象指数保险"等。还有将保险运用到蔬菜领域的探索，以提高上海市蔬菜种植保险覆盖率、农民收入增加，以及农业可持续发展。第三种是绿色产业保险，上海绿色产业保险在新能源、绿色航空和新经济等方面做了诸多有益尝试和探索，在全国绿色产业保险方面处于引领地位。

五是碳交易市场活跃、国家核证自愿减排（CCER）成交量领先。金融创新上，上海自 2014 年起相继推出了碳配额及 CCER 的借碳、回购、质押、信托等业务，协助企业运用市场工具盘活碳资产。截至 2019 年底，借贷碳交易 330 万吨，质押 140 万吨，回购 50 万吨。上海碳交易试点特色突出，主要体现在以下三个方面。第一，建立了较为完善的政策制度体系。有以部门政府规章为主的《上海市碳排放管理试行办法》，对碳排放交易市场的主要管理制度和法律责任作出明确规定，也有碳交易主管部门出台的《配额分配方案》《企业碳排放核算方法》等，明确规定具体操作和执行规则。第二，控制总量，优化配额分配方法。建立明确的总量控制制度，适时公布配额总量目标，采用基于企业排放效率及当年度实际业务量确定的历史强度法或基准线法开展分配。第三，公开透明，强调数据基础有效，在保障基础数据的同时，遵循市场规律，形成公开市场价格。

三、上海生态保护补偿法规与政策存在的问题

上海生态保护补偿法规与政策虽取得一定进展，但也存在诸多问题：一是法律法规治理不足，多以政策驱动；二是产权制度缺失，补偿主体识别难；三是生态保护补偿范围不明确，标准界定不清；四是生态保护补偿方式单

一、资金不足。

（一）法律法规治理不足，多依赖政策驱动

上海生态保护补偿，包括长三角流域生态保护补偿实践，面临诸多问题。首先，制定主体不同，补偿基准各异。例如，浙江省财政厅等四部门2017年发布的《关于建立省内流域上下游横向生态保护补偿机制的实施意见》规定，"各地可选取高锰酸盐指数、氨氮、总氮、总磷以及用水总量、用水效率、流量、泥沙等监测指标，也可根据实际情况，选取其中部分指标"。安徽省政府发布的《安徽省地表水断面生态保护补偿暂行办法（皖政办秘〔2017〕343号）》规定，"断面污染赔付因子共三项，包括高锰酸盐指数、氨氮和总磷"。江苏省在2017年落实《江苏省水环境区域补偿工作方案》过程中，进一步规定，"差别补偿标准，区分断面水质浓度和排放量，设定不同补偿标准；适时提高补偿标准，更大程度地发挥水环境区域补偿制度创新优势和财政投入的环境效益"。以上三省市在补偿补偿标准方面各不相同且没有实现信息共享，难以实现长三角生态保护补偿制度的一体化建设。此外，三省市在生态保护补偿方式、补偿资金来源、资金用途和监管等方面也是规定各异。

另外，政策自身的不稳定性影响了生态保护补偿制度的长效性。例如，新安江流域每一轮试点的资金来源和金额均不相同，导致生态保护补偿的可持续性和稳定性欠佳。因此，必须为生态保护补偿机制提供法治保障，将相对成熟的政策及时升格或固化为法律，逐步形成一种制度化的利益分配机制，以激励生态服务功能的持续供应（王清军，2018）。

总之，目前长三角地区生态保护补偿制度主要以政府为主导，通过具体的生态保护补偿项目实现财政转移支付，以资金流转平衡区域间的生态保护利益。项目制虽然能够协调与整合复杂的利益关系，丰富补偿资金的来源，形成流域生态保护补偿的治理合力，在一定程度上对流域水环境质量的改善起到积极促进作用，但却未能在法律层面对生态保护补偿利益相关方

进行规制和调控。这种以项目政策为主的治理方式使得我国生态保护补偿制度长期游离于法律调控之外,是行政治理而非法律治理。因此,需要适时将较为成熟的生态保护补偿实践加以提炼,并将生态保护补偿政策在条件成熟之时将其"法律法规化",形成相对稳定的法律法规体系(陈海嵩,2019)。

（二）产权制度缺失,补偿主体识别难

在经济学中,产权明晰是交易的前提。只有水权界定清晰,才能将流域污染外部成本内部化,才能使流域水环境的保护者与受益者,有较强的动机维护自身利益。水质资产的分配不明确,导致污染物排放权的分配规则不清,同时也使水质产权的污染者、受益者责任不清,也使市场化、多元化的生态保护补偿方式难以推广(刘晶和葛颜祥,2012)。由于水质产权界定不清晰,上下游水权交易很难达成共识,容易使上下游之间相互推卸责任,使上游的发展权和下游的用水权之间产生矛盾,而且即使关于生态保护补偿在一定范围内达成共识,也会由于水权交易价格难以确定,交易最终无法真正落实(王奕淇和李国平,2019)。法律调控下的市场化生态保护补偿,以产权明晰为主要实现前提。例如,美国纽约市为保障上游来水水质达到或优于饮用水标准,与上游卡茨基尔斯(Catskills)流域签订流域协议备忘录,投入14亿美元对上游水源地附近农民的生产方式和土地利用类型进行改造,上游水质经过数年改造,常年保持较优,符合纽约市来饮用水标准,同时也节省了46亿美元建造过滤设施的费用。该案的成功之处在于,纽约市政府直接与饮用水水源地土地权人进行交易,购买其未开发的土地和保育地权,使水源地附近土地使用者直接受益,使其改变土地利用结构的积极性更高,生态保护补偿效果更显著(Hoffer,2011)。在东阳—义乌水权交易案中,对于水资源的真正使用者东阳市居民而言,其水资源权益并没有充分得到考虑。水权交易的收益也并没有真正使水源地农民获益,从而遭到东阳市水源地附近农民的抵触,使其并没有通过改变种植结构的方式节约用水(王慧,

2018)。这不仅影响了水权交易的进一步落实,而且使生态保护补偿效果大打折扣。虽然我国居民个人不享有水资源所有权,但水资源产权个体同样对水资源享有用益物权,可以对其进行占有、使用和处分。因此,水资源用益物权可以构成水资源产权的核心内容。

(三) 生态保护补偿范围不明确,标准界定不清

正如前文所述,上海市有关生态保护补偿的实践虽然开展较早,也有诸多相关法规和政策文件出台。但是生态保护补偿的范围仍不明确,导致生态保护补偿的实践较为零散,生态保护补偿效果不甚显著。对于生态保护补偿的对象,到底是生态保护者还是生态受损者,在《生态保护补偿条例》①生效之前的很长一段时间内,都没有统一定论。按照上海多年的具体实践,上海生态保护补偿主要以政府财政转移支付为主,补偿范围和标准一般根据财政资金的多少来确定,导致生态保护补偿效果的随意性和不确定性。《生态保护补偿条例》尽管仍有一定完善空间,但明确规定了生态保护补偿的对象,指生态保护者对生态系统的保护行为,而且该行为的界定属于国务院有关部门或者地方政府明确规定的生态系统保护的范围,比如森林、草原、湿地、水流、荒漠、内陆和近海、耕地、重点生态功能区、自然保护地等领域。上海在制定生态保护补偿地方性法规时,应当借鉴以上方法,对于上海生态系统服务最密切的领域制定更加明确细致的分级分类的生态保护补偿标准和范围。

对于生态保护补偿标准的界定,还可借鉴前文提到的国际生态保护

① 《生态保护补偿条例》第二条第二款规定:"本条例所称生态保护补偿,是指通过财政纵向补偿、地区间横向补偿、市场机制补偿等机制,对按照规定或者约定开展生态保护的单位和个人予以补偿的激励性制度安排。"其中的"激励性制度安排",在一定程度上回应了"生态保护补偿是否包括生态损害赔偿"的争议。即,答案是否定的,因为"生态损害赔偿"属于"惩罚性质",而非"激励性制度安排"。另外,生态损害赔偿的相关制度安排可以依据《生态环境损害赔偿管理规定》落实与执行。此外,上海也于2024年4月19日印发《上海市生态环境损害赔偿工作实施细则》,对于违反国家规定造成生态环境损害的,按照细则要求,依法追究生态环境损害赔偿责任。

补偿中采用的生态系统服务价值确定的方法,包括市场价格法、差旅费用法、生产力法、享乐定价法、损害与替代成本法等,以确定需要进行补偿的生态系统服务的价值,然后按照一定的标准予以补偿。当然这些方法运用的领域和范围也不尽相同,还需要进行根据各个生态系统服务领域的特点进行深入调研和科学分析,进而明确每个领域适用的标准和方法。例如流域补偿和荒漠补偿,二者提供的生态系统服务价值不同,测量其价值的方法和标准也不尽相同。流域补偿更多考虑水质、水量、水能和水生态等,而荒漠补偿就更为复杂,需要考虑损失的程度、是否可恢复的程度等。

(四) 生态保护补偿方式单一,资金不足

从上海生态保护补偿的法规政策规定到具体实践,上海生态保护补偿的方式大多为建立各个领域的"财政转移支付生态保护补偿""加大市对区生态保护补偿的财政力度"等,很少有关于"鼓励市场化、多元化生态保护补偿机制发展"的规定。虽然上海作为我国最大、全球第三的金融中心,具有雄厚的经济体量和经济实力以支撑上海生态保护补偿财政转移支付。但是,无论从打造绿色可持续的"生态之城"建设还是从建立"造血式"的生态保护补偿机制出发,以政府财政转移支付为主的生态保护补偿都将难以长远、高效发展,也就不能为上海乃至全国的绿色、低碳和可持续发展做出应有的贡献。

近年来,除了《生态保护补偿条例》中专章规定了"建立健全碳排放权、排污权、用水权、碳汇权益等交易机制,推动交易市场建设,完善交易规则""通过购买生态产品和服务等方式开展生态保护补偿""生态保护与生态产业发展有机融合""与农民建立持续性惠益分享机制""建立市场化运作的生态保护补偿基金"等市场化生态保护补偿方式①外,一些地方性法规已经先

---

① 参见《生态保护补偿条例》第二十至第二十四条。

行先试予以立法规定。例如,《无锡市生态保护补偿条例》(2019)规定建立横向生态保护补偿制度,鼓励市场化生态保护补偿发展。①《海南省生态保护补偿条例》(2020)明确规定,建立市场化生态保护补偿机制,还对绿色产品标识、绿色金融、绿色采购、水资源确权和碳排放权交易等方式作出明确规定②。《南京市生态保护补偿办法》(2021)不仅规定了重要生态保护区域补偿标准和补偿程序,还在"补偿方式拓展"章节中,明确规定"建立健全市场化、多元化生态保护补偿机制"③,但也未对市场化生态保护补偿的具体方式、资金支持等进行细化和明确规定。

上海作为国内首屈一指的金融中心,在绿色信贷创新、绿色债券信用管理、绿色基金升级、绿色保险指数分类以及碳交易市场活跃度等方面成果显著,在为市场化、多元化生态保护补偿提供绿色金融支持方面更具潜力。此外,上海在人才、市场、产业、资金等方面均具有很大优势,更有条件通过人才培训与交流、共建产业园区、对口支持和协作等方式,建立跨区域(跨省、市)的多元化生态保护补偿,在吸引社会资金进行绿色发展的同时,建立更广泛、更多元的生态保护补偿机制。

第二节　市场化生态保护补偿法律调控的内在逻辑

当下,我国生态保护补偿制度主要以政策的形式呈现,缺乏体系性的制度安排。法律法规的稳定性有利于形成生态保护补偿机制的制度化和长效化,因此,生态保护补偿制度政策的法律化显得尤为必要。

---

① 参见《无锡市生态保护补偿条例》(2019)第八条。
② 参见《海南省生态保护补偿条例》(2020)第十六条
③ 参见《南京市生态保护补偿办法》(2021)第二十六条。

一、法律能够保障环境正义的合理配置

正义是法的最高序列的价值。正义应遵循两项基本原则,即权利分配的"平等"和责任分担的"差别"(李海棠,2016),罗尔斯的正义论以"最弱势利益最大化"为目标(罗尔斯,1988),基于环境正义的需要,法律法规在上海生态保护补偿实践中可从以下三个方面发挥作用。一是限制和补偿同步进行。以上海重要水源地太浦河为例,为保障长三角地区的水环境质量和生态平衡,一般会对位于上游吴江等地的经济发展权和财产权予以一定程度的限制,包括关停超标排放的一些纺织厂和印刷厂等产业等。但同时,作为获得了达标水质的下游浙江嘉善和上海青浦,在法律法规明确规定的范围内,应对上游的损失予以补偿。二是保障补偿请求权有效实现。将具体的流域生态保护补偿制度法定化,尽可能在较短时间内给予财产权和发展权受限的民众合理补偿,同时对于已经受损的生态环境予以及时修复或恢复。三是确定有利的补偿方式。补偿方式也应得到足够关切,生态服务保护者更加关注能够通过何种方式得到补偿,以及如何核算具体数额。

二、法律能够保障稀缺利益的公平分配

自然资源总量的稀缺性和人类利用资源的无序性,使得人们需对其进行重新配置,反映到利益层面,就表现为利益分配的公平正义。仍以太浦河为例,太浦河流域生态保护补偿的法律规制,就是对太浦河上下游地区发展权和取水权进行利益分配。但是利益分配的公平,需借助法律制度才能得以实现。法律在利益公平分配方面的指导作用主要体现在以下两方面:一是指导分配的正义原则法治化,可具体化为法律上的权利义务关系,稀缺利益分配的法律表现就是为具体的权利义务设置一定的标准;二是通过法律衡量不同利益价值以有效保障利益分配,当不同级别的利益或需求发生冲

突时,法律需要在不同级别的利益之间进行选择,势必造成某些权益的特别牺牲,就需要对这种限制所造成的损失予以合理补偿,以达到利益的合理分配(王清军,2019)。例如,有研究根据 2012 年安徽省黄山市的生态保护补偿数据发现:实施生态保护补偿城市的人均 GDP 降低 2.93%;且生态保护补偿政策对人均 GDP 的降低效果具有滞后效应,降低效果为 2.15%(张晖等,2019)。而生态保护补偿法律调控的目的在于努力遏制生态保护补偿实践对经济增长的不利影响。

三、法律能够保障激励功能的有效实现

生态保护补偿法律制度的核心是保障公平激励功能的实现。流域生态保护补偿制度注重上、下游权利义务的合理分配,由于上游对土地利用和生产方式等进行了限制,积极从事生态保护活动,则有权获得一定补偿;若未能从事生态保护活动,造成下游水生态环境的破坏或污染,下游的生存权和发展权因此受影响,则需对下游地区实施补偿。生态保护补偿法律制度激励功能体现在两方面。一是体现能动激励基本要求。生态保护补偿请求权的立法确认,将改变保护者在生态保护补偿实践中长期的被动地位,并督促其从自身利益需求出发,实现自我约束和自我激励,积极调整自然资源利用类型和产业发展,在保障相应生态服务供给的同时,实现自身利益满足。二是体现互动激励基本要求。生态保护补偿保护者和受益者互动关系不畅的原因在于两者之间缺少互动平台,导致保护者缺少生态服务供给的内在激励,生态服务供给的逐渐短缺也就成为必然。生态保护补偿请求权可通过向具体的受益者或代理人提起请求权,启动相应的法律关系。保护者因权利行使获得一定利益的可能性,受益者因一定的支付行为而要求保护者必须满足一定的条件,双方的权利义务通过相互博弈和讨价还价逐渐得以明晰。

第三节　上海建立市场化生态保护补偿之法律思考

无论是国外的生态系统服务付费，还是国内的生态保护补偿实践，就交易的数量、交易价值和地域分布而言，流域和水资源领域的生态保护补偿相对比较容易贯彻执行。因为流域上游的土地管理和流域下游对水源的要求之间关系相对简单，交易成本相对也较低（Costanza et al.，2017）。同时，流域和饮用水的治理，是流域生态保护补偿的重要领域。上海流域和饮用水的市场化、多元化生态保护补偿的研究与实践也相对丰富。因此，本节主要以跨界流域生态保护补偿为例，分析上海在长三角流域法规治理方面发挥的具体作用以及相关制度的构建与完善。

上海位于长江入海口，所处的自然资源环境比较脆弱，流域跨界断面水质对上海影响较大。在迈向卓越全球城市的进程中，上海必须高度重视所在区域的水资源保护一体化，为城市战略资源安全提供保障。近年来，上海各级政府围绕消除黑臭水体和丧失使用功能水体（劣于 V 类）做了大量工作，也取得了显著成效。根据太湖流域管理局发布的《太湖流域及东南诸河重点水功能区水资源质量状况通报》及省界断面水质来看，太湖流域优于 III 类的省界断面比重出现一定的下降趋势。综合来看，省界水体水质下降为上海水源地的保护带来了严峻挑战。

虽然包括上海在内的长三角地区的生态保护补偿实践主要有水质交易、异地开发、水权交易以及排污权交易等，但也面临诸多法律困境。总体而言，上海及长三角地区生态保护补偿立法和实践主要存在法律治理不足、多依赖政策驱动以及产权缺失，补偿主体识别难的问题。因此，上海生态保护补偿的法律调控，首先应以流域（尤其是太浦河等跨界流域）生态保护补偿入手，分别从明确生态保护补偿的权利义务主体、生态保护补偿法律标准、生态保护补偿法定方式、生态保护补偿管理机构、生态保护补偿产权法定以及纠纷解决机制等方面完善生态保护补偿法律法规制度。

一、确定生态保护补偿的权利义务主体

生态保护补偿法律中的权利义务主体,指生态保护补偿法律规定之有民事行为能力和民事责任能力的自然人、法人或其他组织(包括政府和国家)。例如,太浦河流域生态保护补偿的主体,包括由于太浦河流域水生态环境改善和可持续发展而受益或者对太浦河流域水质产生不利影响的群体或区域,既包括"增益性"(生态保护)补偿主体,也包括"损益性"(生态损失)补偿主体(李小强和史玉成,2019)。第一,中央政府。长三角地区由于各省市生态保护补偿政策和标准不尽相同,需要中央政府作为太浦河流域生态保护补偿的主体并利用其较高的职权,对于太浦河流域各级地方利用财政支付转移等方式公平高效的进行补偿。第二,太浦河流域的地方政府。中央政府的补偿毕竟是从国家的角度进行宏观考虑,对于太浦河流域内的一些具体地方事务或者突发事件难以做到有效应对。同时,位于太浦河流域内的沪苏浙一市两省,甚至市县级政府,可以更加有效地针对具体的流域生态保护补偿进行监管、控制和执行。第三,水环境效益的获益方。依据"谁获益、谁补偿"原则,太浦河流域内的个人、单位或企业,因为使用太浦河流域的水环境资源而获益,应对产生这些生态效益的区域或主体进行相应的补偿,避免环境正义的缺位(胥一康,2016)。

太浦河流域生态保护补偿的对象包括,在太浦河流域生态环境保护和发展过程中有贡献与受到一定损失的主体。一是对太浦河水环境改善作出贡献的主体,主要包括流域内环境保护的管理者、水源地生态安全的实施者。为保护太浦河流域生态安全,势必会关停太浦河两岸有污染的企业,对于财产权和发展受限的当地企业、政府和居民,均应按照法律规定进行合理

补偿。二是太浦河流域环境污染受害者。如果太浦河流域的上游吴江地区，以牺牲环境为代价追求其发展权，不仅破坏了上游地区的生态环境，也严重影响了下游地区公平享用太浦河流域水环境的权利，因此上游地区也应为自己的破坏生态环境的行为负责，对下游地区进行补偿。

二、界定生态保护补偿的法律标准

在流域生态保护补偿制度中，无论是补偿（受偿）主体的确定、补偿方式的选择还是补偿责任机制的有效履行，科学、合理且有效的补偿标准均发挥着不可替代的重要作用。在流域生态保护补偿机制中，补偿关系主体、补偿资金的分配、补偿方式的确立和补偿绩效的评估，均围绕生态保护补偿标准展开。

（一）确定补偿的法律标准

在太浦河流域生态保护补偿中，对上游吴江地区的财产权、发展权受限以及下游青浦、嘉善用水权影响所导致的实际损失的补偿是推行公平、合理补偿原则的最低标准。在损失补偿中，损失常被分为两个部分：直接损失和间接损失。直接损失就是流域上游地区为了提供符合一定条件的流域生态服务，所投入的各种直接成本的支出。例如，上游吴江地区为保障太浦河水质和水量达到下游饮用水标准，对流域水环境进行恢复和治理所投入的所有支出，或者下游上海青浦为治理上游江苏吴江泄洪带来的雨水径流污染所付出的所有支出。间接损失主要是发展机会成本的损失，在流域生态保护补偿标准的制度规定中，回应机会成本的法理依据主要在于，无论是流域上游地区或者下游地区，均有平等的发展机会。

（二）明确标准制定主体

长三角地区生态保护补偿的制定主体可以有两种。一是流域上下游地方政府，在国务院或者太湖流域管理局的指导下，上海青浦、江苏吴江和浙江嘉善政府作为当地生态环境治理责任的承担者，依据市场原则签署生态保护补偿协议,这种补偿协议所确定的生态保护补偿标准实际上介于政府标准和市场标准之间,可以称之为准政府标准或准协定标准。二是市场主体。常见的就是流域生态保护受益者与生态保护者通过直接协商,经过邀约、承诺等系列合同签署程序确定的带有一定协定意义的补偿标准。例如,长三角地区企业与企业之间或者企业与政府之间可以签订生态保护补偿协议或制定生态保护补偿标准。因生态保护补偿标准的制定主体不同,其法律效力也不同。政府直接主导的补偿标准,因其主体享有法定职权,制定的补偿标准即便设定了一定的权利义务,仍具有一定的法律约束力和强制性效应,对于流域所辖下级政府具有规范效应。市场主体主导的补偿标准是市场主体之间经过协商、签署合同而确立,补偿标准已经成为合同(协议)内容的主要组成部分,违反标准所确定的权利义务可能构成违约。

(三) 标准支付基准和支付方式

依据不同核算方法核算出来的补偿标准需要一定的支付基准条件的涉及。我国流域生态保护补偿实践多采用基于结果的条件支付,具体包括一定的水质或水量结果。例如,新安江流域生态保护补偿就是以基于水质水量的结果为支付基准。太浦河流域生态保护补偿也可以参照该支付基准。尽管这种以水质水量指数为基准的条件存在一定不足或者规范性问题,但这会随着流域生态保护补偿实践的进步和完善逐步趋于规范化。另外,标准支付方式包括直接方式和间接方式。直接方式包括货币补偿和财政转移支付补偿,间接补偿包括技术补偿、发展权转移等各种方式。货币补偿标准计算更加科学、更加公平,在非现金补偿中,优惠政策更符合可持续发展以及法治环境构建的要求。太浦河流域生态保护补偿,可以根据水质、水量或者水的利用效率等其他量化要求,将同一补偿标准划分为多种层级,每一层级采用不同的标准。以法定标准为例,可将其划分为最高标准、一般标准和最低标准。不同层级的标准采用不同的标准数额,从而适当拉开差距,彰显流域生态保护补偿标准的激励或惩罚功能效应。此外,还可以《条例》实施为契机,统筹整合各方面力量,加快建立健全相关领域配套措施,探索建立信息化、数字化的监测评估系统,监测生态产品的数量、类型、时空等信息,动态更新生态保护和治理的直接成本、机会成本、经济发展条件等基础数据,形成生态保护补偿全周期动态监测体系,为生态补偿标准的制定、生态补偿绩效评估和管理等提供支撑。

三、丰富生态保护补偿的法定方式

长三角地区生态保护补偿主要以省内政府资金补偿为主。如《上海市环境保护条例》(2016)第十八条①,对生态保护补偿财政转移支付做出明确规定。2014 年 10 月,江苏省在全国率先建立覆盖全省的"双向补偿"制度,2017 年全省补偿资金达 4.8 亿元②。2018 年,浙江省全省启动流域上下游横向生态保护补偿机制建设。虽然以资金补偿为主的省内横向生态保护补偿方式已相对成熟,但也存在补偿方式单一、多以政府财政补偿为主的问题,而且对于跨省资金补偿的方式,还需进一步探索和完善。因此,太浦河流域生态保护补偿方式应更加多元化,可以包括资金补偿、生态绿色产业补偿、生态标记和 PPP 模式等。

(一) 资金补偿

可以借鉴新安江的补偿模式,建立示范区生态保护补偿基金,由江苏吴江、上海青浦、浙江嘉善三省市(区)各自按照一定比例出资,再由中央政府给予一定拨款,争取吸引社会化资金加入。同时规定,太浦河通过上游吴江,流经下游青浦和嘉善的水质和水量必须达到一定标准。如果达标,可从生态保护补偿基金中领取一定额度的生态保护补偿金;如果不达标,则需向示范区生态保护补偿基金支付一定资金。对于出资比例的确定,可以根据

---

① 《上海市环境保护条例》(2016)第十八条。
② 江苏省人民政府网,http://www.jiangsu.gov.cn/art/2018/7/10/art_59167_7744421.html。

沪浙苏三地为保护太浦河流域水环境所做的努力和牺牲来衡量,上游吴江可能因为关闭高耗能企业导致发展权受限,出资比例可以低一些,而下游上海和嘉善相对因此而受益,出资比例可以高一点。

(二)生态绿色产业补偿

太浦河上游吴江地区为了保障下游地区优质的水源,其传统产业发展势必受影响,除接受资金补偿之外,还可以考虑向生态绿色产业转型。例如,打造生态文化旅游产业。结合长三角地区发达的古镇文化旅游产业,包括青浦朱家角古镇、嘉善西塘古镇、吴江黎里古镇以及周边的千灯古镇和周庄古镇等,加之京杭大运河也从太浦河流经的独特地理优势,可以结合运河古镇文化,在长三角地区打造运河古镇文化产业新高地。与资金补偿相比,生态绿色产业开发和支持更加可持续,不仅有助于保护和恢复长三角地区水生态环境质量,而且对于受关停企业影响的劳动者,可以直接解决就业和生计问题,实现发展权和财产权的有效补偿。

(三)生态标记和 PPP 模式

太浦河位于长三角地区,依托其发达的经济基础和较快的市场化进程,可逐步探索一对一的生态保护补偿模式和基于市场的生态标记模式,使流域生态保护补偿更加灵活,资金的来源更加丰富。同时,也可借鉴欧盟流域市场投资计划中的具体实践和案例。例如,德国自 20 世纪 80 年代以来农业不断加强,由于农药和其他化学品的过量负荷,许多水体的水质逐渐退化。因此,德国采取流域市场投资计划,通过改善农业管理的做法来保护清洁水质。另外,2002 年,西班牙为了恢复流域管理,在其东北部开发生态保护补偿 PPP 项目,建立了公私合作自愿协议。该计划旨在逐步恢复其盆地下部的埃布罗河部分,公共和私人激励措施支持一系列洪水冲击,目的是恢复河流水环境,从而改善河流生态系统的各种功能(Bennett et al.,2017)。长三角太浦河流域也可引入 PPP 机制,促进其生态保护补偿的市场化发展。

四、设立生态保护补偿行政管理机构

根据《太湖流域管理条例》(2011)，水利部太湖流域管理局负责太浦河的流域管理工作，并对太浦河下达调度指令、制订取水计划等。2015年，太湖流域管理局牵头建立了太浦河水资源保护省际协作机制，在太浦河水质监测预警、水源地供水安全保障等方面发挥了积极作用。2017年，太湖流域管理局提出《太浦河水资源保护省际协作机制——水质预警联动方案》，对太浦河水资源保护、水污染防治联合执法等方面做出规定。但作为水利部在太湖流域的派出机构，太湖流域管理局只是一个事业单位，在协调长三角地区流域生态保护补偿中，其行政权力受到很大限制。而且如无法律法规规章授权，派出机构没有独立的法律地位，在行政诉讼中不能做被告。[①] 太湖流域管理局行政权力和级别的限制，使其不可能在太浦河流域治理中起到关键决定性作用。因此，可以考虑设立真正有权力、有实际管理能力的太浦河流域管理机构。2019年11月1日，长三角生态绿色一体化发展示范区在上海正式揭牌，11月5日，长三角生态绿色一体化发展示范区执行委员会正式挂牌。长三角一体化示范区的建立，旨在通过综合配套改革，在生态建设等方面，努力实现标准统一、规则一致、市场一体，并将其成功经验复制到长三角全区域，以实现长三角地区更高质量的一体化发展。这也为长三角示范区流域管理委员会的成立提供良好契机。

建议应由沪浙苏三个省级单位牵头，会同国家自然资源部或生态环境部，根据各省在太浦河流域的流经范围或者对各省份的重要程度划分权力，成立长三角示范区流域管理委员会，其职责包括但不限于对太浦河流域的管理职责，还可以包括整个长三角示范区的所有流域和水环境安全管理。例如，美国田纳西河流域治理和生态保护补偿的成功，主要在于田纳西河流

---

① 最高人民法院关于适用《中华人民共和国行政诉讼法》的解释第二十条。

域管理局的成立。流域内的所有规划和建设均由该管理局全面负责,包括航运和防洪问题的解决、水能发电效率的提升、流域内土地资源利用方式和产业结构的调整,以及对流域内居民的直接生态保护补偿等。对于太浦河流域生态保护补偿制度的完善和实施,长三角示范区管理委员会也应起到重要管理和协调作用,具体表现在对太浦河流域生态保护补偿权利义务主体的确定、生态保护补偿法律标准的界定以及纠纷解决和责任承担等方面,应进行宏观把控、积极协调,对长三角地区太浦河流域生态保护补偿制度的建立和完善进行有效监管。

五、明确跨界流域水流或涉水产权法定

产权明晰是市场化生态保护补偿立法及流域生态保护补偿得以顺利进行的前提条件。水权作为水资源所有权和各种水权利与义务的行为准则,可以高效配置水资源,同时可以起到激励水资源保护和遏制水资源污染与浪费的功能。欧美发达国家生态系统服务付费制度起步较早,发展也较为完善,可为我国流域生态保护补偿制度提供经验借鉴。例如,澳大利亚墨累—达令流域治理(史璇等,2012)、美国湿地缓解银行(柳荻等,2018),以及法国水质付费等生态保护补偿制度对该国跨界流域的生态治理与环境保护起到重要推动作用(孙宇,2015)。而以上案例取得成功的重要原因,皆因自然资源资产产权制度明确,从而利用市场化生态保护补偿进行资源保护。

为使我国流域生态保护补偿顺利开展,水权的清晰界定必不可少。对于水资源统一确权规定,可以分步骤循序推进。首先,权利类型和边界的确定。对于"国家所有"的水资源应当分清是中央所有还是地方政府所有,对于地方政府所有的,应当明确规定所属政府的不同层级。严格来讲,这里的"地方各级政府所有"是"代理行使"所有权。其次,与"不动产产权登记"有机融合。由于自然资源资产产权更复杂,同一自然资源可能属于不同区域、

不同层级的地方政府所有,在权利的衔接和数据库的建设方面都存在很大挑战。因此,上海可以在立法和"数字化"化建设方面,率先做出尝试和探索。最后,丰富自然资源使用权权能。推动所有权与使用权等权能的分离,是促进自然资源资产化改革的必然结果,才能够更好地适应经济社会发展多元化需求,扩大生态产品的有效和优质供给,发挥生态资源资产多用途属性作用。只有权能得到丰富完善,才能实现资源产权交易的顺畅进行,扩大产权转移的规模,提升其效率和效果。在坚持全民所有制前提下,以强化资源处分或处置权、保障资源收益或受益权为核心,丰富生态资源资产使用权体系,提高自然资源资产利用效率。例如,可以结合《长三角生态绿色一体化发展示范区方案》的落地,考虑对太浦河进行确权登记,规定太浦河的所有权行使方式,国务院可委托长三角生态绿色一体化示范区管理委员会代理行使水资源使用权、收益权和转让权。太浦河流域水资源确权登记的法治化,将推动建立归属清晰的太浦河流域产权制度,同时为长三角地区市场化生态保护补偿机制的完善奠定基础。

六、健全生态保护补偿纠纷解决机制

太浦河流域生态保护补偿制度运行的法治化,不仅在于长三角生态绿色一体化示范区三地政府间生态环境协同治理的规范化与程序化,而且在于流域上下游政府间因生态补偿产生的纠纷处理机制的合法化和多元化。因此,建立太浦河流域和长三角生态绿色一体化示范区生态补偿纠纷解决机制势在必行。

首先,磋商机制。这是介于行政机制和市场手段之间的机制(陈华东,2017),可以针对特定流域的特定情况作出反应,因为该机制可以建立在当地知识的基础上,并制定与当地流域问题相一致的专门政策。此外,流域治理中的磋商机制已被证明能够有效地打破竞争利益之间的不可溶性,建立一个信息共享的过程,并召集邻近的司法管辖区来实现跨界饮用水水源保护生态保护补偿的目标。主要包括生态保护补偿权利义务主体间自行协商,或者通过非上级行政机构进行协调。跨界水资源流域生态保护补偿涉及多个省市、多个部门和多重利益体系,需要建立跨界流域生态保护补偿信息共享平台以及各方生态补偿谈判机制。

其次,行政机制。主要是指对于在生态保护补偿履行过程中产生纠纷,可由共同的上级行政机关进行调解或裁决。该种方式主要依赖权威且中立的第三方上级行政机构来解决争议,具有一定的强制性。《生态保护补偿条例》第十八条第二款就是对地区间横向补偿纠纷的行政机制安排①。在太浦河流域生态保护补偿中,应由上海青浦、江苏吴江、浙江嘉善的共同上级行政机关仲裁解决。此外,还可由国务院或者国务院委托生态环境部、自然资源部等环境保护主管部门牵头仲裁补偿方案纠纷,财政部门牵头仲裁补偿资金纠纷,仲裁不停止补偿资金划拨。同时,也可建立行政级别更高的长三角生态绿色一体化示范区流域管理委员会,通过该机构进行行政调解和裁决。

最后,司法机制。主要指通过司法审判机关的司法裁判解决生态保护补偿纠纷。虽然我国法律法规(包括《生态保护补偿条例》)均没有对生态保护补偿纠纷的司法机制做出直接规定,但是可以借鉴《中华人民共和国水污染防治法》(2017)第九十七条生态损害赔偿纠纷解决之规定,长三角生态绿色一体化示范区省级政府之间的流域生态补偿纠纷可以通过民事诉讼途径司法解决。另外,也可根据《中华人民共和国民事诉讼法》和《中华人民共和国行政诉讼法》之相关规定,由检察机关提起检察行政公益诉讼。例如,对于流域上游行政区域内政府的违法行为或不作为使流域生态环境受到侵害,致使下游地方政府和居民用水权受限的,可以通过检察机关提起环境行

---

① 《生态保护补偿条例》第十八条第二款:因补偿协议履行产生争议的,有关地方人民政府应当协商解决;协商不成的,报请共同的上一级人民政府协调解决,必要时共同的上一级人民政府可以作出决定,有关地方人民政府应当执行。

政公益诉讼(邓纲和许恋天,2018)。

第四节　推进长三角地区市场化生态保护补偿协同立法

跨界饮用水水源保护生态补偿涉及多部门、多主体、多层次的利益协调,法律制度的建立和完善可最大程度地保障和协调上游发展权和下游生存权的统一。除生态保护补偿权利生成和基本构造以及具体的跨界饮用水水源保护生态保护补偿制度外,区域(流域)统一立法,也是重要的解决策略。

一、长三角市场化生态保护补偿协同立法的理论基础

长三角地区市场化生态保护补偿协同立法存在重要的理论基础。首先,整体性理论为目前的碎片化治理向整合治理转变提供重要的理论基础;其次,利益平衡理论为各方利益的协调与优化提供重要思路;最后,激励理论通过物质和非物质激励手段,为生态保护补偿各利益相关方提供利益驱动。

(一) 长三角市场化生态保护补偿协同立法的整体性理论

整体性治理理论是长三角地区市场化生态保护补偿协同立法的重要理论基础。高度重视整体性治理理论的作用是因为,长三角各地区所面临的生态环境实际情况有所不同,对立法的诉求不一致,因而其所制定的地方性法规带有明显的局部性而非全局性。鉴于生态环境保护是一个整体的生态系统,如果相邻行政地区之间的生态环境保护政策和经济发展程度不协调,生态环境保护水平低的地区将给相邻地区造成潜在危害(施理和耿立东,2022)。故而,有必要根据整体性治理理论,克服局部性立法的弊端,走统一

立法的优化路径(孙佑海,2023)。整体性治理,是以社会需求为导向,以协调、整合和责任为机制,运用信息技术对碎片化的治理层级、治理功能、公私部门关系及信息系统等进行有机整合,不断"从分散走向集中,从部分走向整体,从破碎走向整合"(史云贵和周荃,2014)。从长三角地区的实际出发,即从长三角生态保护的特殊性和国家战略要求出发,针对长三角地区的特殊情况进行制度设计,以满足上海引领长三角地区生态经济高质量发展的特殊需要。

(二) 长三角市场化生态保护补偿协同立法的利益平衡理论

法律中的利益平衡,是指通过协商等方式协调各方面的利益诉求,使各相关方的利益在共存相容的基础上达到合理的优化状态,而不是纠纷不断、妨碍合作。随着长三角地区生态绿色发展重要性的日益凸显,利益主体与利益诉求呈现多样化的形态,在自然资源和环境总量既定的前提下,多样化的利益诉求往往成为社会纠纷的重要成因。立法中利益平衡原则是指"通过立法来协调各方面冲突因素,使各相关方的利益在共存相容的基础上达到合理的优化状态"(冯晓青,2007)。由于长三角地区市场化生态保护补偿的外部性以及目前相关法律制度的缺失,可能会出现生态不正义的问题。这种不正义存在于地区之间收益和补偿的分配层面,要解决此问题,需要创设一些法律制度,以使人们权利和义务得到平衡。市场化生态保护补偿协同立法制度的设计,应将正义作为其价值诉求,通过外部成本内化的方式,合理分配生态保护补偿受益者和受损者之间的权利和义务。

(三) 长三角市场化生态保护补偿协同立法的激励理论

激励理论是经济学和管理学领域对环境政策和法治建设提出的最新要求和完善方向,环境激励理论及其措施对于生态保护与恢复举足轻重(吴鹏,2014)。中西方古代法治史,均强调惩戒法与激励法共生共继。中国法制史强调"刚柔并济""奖罚并举""以德配天""以情与法"的惩戒与激励并存的法治思想。西方发达的法治文明告诉我们，激励不是经济学或是管理学研究的藩篱，恰恰是法律使之成为一种社会秩序。功利主义法学家边沁指出，"社会应当鼓励个人的创造、努力和进取心，国家的法律并不能直接给公民提供生计，他们所做的只是创造驱动力，以及惩罚与奖励，以刺激和奖励人们去努力占有更多的财富"（王磊，2005）。就现代法学研究而言，激励理论也是一种重要的法学理论。姜明安先生在其《行政法学概论》（姜明安，1986）一书中，把行政奖励行为作为一种独立的行政行为加以分析，此后沈宗灵先生亦提出，在社会主义社会里，由约束消极行为，发展到激发积极行为，人们由被动地接受控制，再到积极地参与，这不能不说是法律规范的极大进步。同时，这也从一个侧面反映出社会的进步（倪正茂，2000）。2012 年，倪正茂先生出版《激励法学探析》（倪正茂，2012），该书不仅详细介绍了我国法治发展历史长河中那些被忽略的激励法，还分析了激励法学定义、存在价值及其主要内容等，可谓激励法学研究的重要文献。概述虽然尚存一些值得商榷的问题，但足以证明，激励法治正在为我国法学研究所关注。

市场化生态保护补偿制度便是激励法在生态治理领域的最佳体现。例如，排污企业是资源开发的主体，也是资源利用的直接受益方，但却是当前最想摆脱环境义务的一方。这主要是由于任何企业都是以利润最大化为其存在和发展目的。企业追求利润最大化的动机使其产生了严重的机会主义倾向。市场化生态补偿中的经济激励法有助于私营企业、环保组织和社区团体经济利益的实现，更有助于生态保护补偿与生态恢复制度的实施。

二、长三角市场化生态保护补偿协同立法的规范依据

习近平总书记关于长三角一体化发展的重要讲话和指示批示赋予了长三角地区一体化高远的战略定位和深刻的发展内涵，长三角区域一体化发展在客观上要求区域性的法律制度一体化以及更高层次的法治一体化，区

域立法协同是实现这一目标的关键环节,长三角地区市场化生态保护补偿立法协同则是其题中应有之义(杨解君和黎浩田,2023)。

（一）长三角市场化生态保护补偿协同立法的宪法依据

宪法作为根本大法,是我国其他法律的立法依据,其对生态保护的规定是生态保护补偿法律制度的基础,《中华人民共和国宪法》(2018年修正)第九条、第十条原则上规定国家自然资源生态保护补偿制度。宪法在强化对自然资源生态保护的同时也提出了对私人利益进行补偿的原则,为长三角地区生态保护补偿法律制度的完善提供了根本依据。

此外,区域性的市场化生态保护补偿立法协同,是法治普遍性原理在区域协同发展实践中的具体呈现(贺海仁,2020)。从国家立法层面看,宪法已对区域市场化生态保护补偿协同立法作出了相关整体性、原则性的指导与规定(刘松山,2019)。为更好地推动区域协调发展战略和碳中和目标行动方案的实施,长三角地区市场化生态保护补偿立法协同应依宪法相关规定坚持整体性、平衡性、针对性等原则(张震,2022),有效地规范和协调三省一市之间的市场化生态保护补偿立法工作。

（二）长三角市场化生态保护补偿协同立法的法规依据

目前,虽然我国还未形成专门的长三角地区市场化生态保护补偿协同立法,但在《中华人民共和国立法法》、相关环境保护法及单行法规、跨区域生态保护的重要法律探索、《生态保护补偿条例》,以及长三角地区三省一市在流域生态保护补偿地方性法规中均有涉及,并逐渐成为我国环境与资源保护法律体系的重要内容。

1. 新修订的《立法法》中的相关规定

一直以来,区域立法并不符合我国《立法法》的规定,区域立法是介于国家立法和地方立法之间的一种规范性文件。但是《中华人民共和国长江保护法》(第一部流域立法)、《中华人民共和国黄河保护法》的成功颁布,为长三角流域或饮用水水源保护生态补偿立法提供了一定实践探索。同时,新修改的《中华人民共和国地方各级人民代表大会和地方各级人民政府组织法》(2022)首次将"协同立法"纳入法治轨道,为长三角地区三省一市根据区域协调发展,开展市场化生态保护补偿协同立法提供了明确依据。该法新增条款还创设了县级以上政府"共同建立跨行政区划的区域协同发展工作机制"的规定①,打通了省域、市域和县域三个层面开展跨行政区域生态保护补偿协作的关键。尤为重要的是,2023 年 3 月,新修订的《中华人民共和国立法法》也为区域协同立法作出明确规定②,为长三角地区市场化生态保护补偿协同立法提供了重要法理保障。

2. 环境保护法律中的相关规定

作为环境保护基本法,《中华人民共和国环境保护法》(2014 年修订)第三十一条明确规定国家建立生态保护补偿制度。《中华人民共和国环境保护法》将生态补偿制度确定为我国环境保护的一项基本制度,对我国生态补偿法律和制度体系建设起重要的指导作用。有关流域饮用水生态补偿制度在一些生态环境保护单行法中也有所涉及,例如《中华人民共和国水污染防治法》(2017 年修订)第八条,《中华人民共和国水法》(2016 年修订)第二十九条、三十一条、三十五条、三十八条,《水土保持法》(2010)第三十一条、《防洪法》(2016 年修订)第三十二条、《渔业法》(2013)第二十八条等都对生态补偿均有原则性规定。各单行法从不同的保护利用目标出发,大多规定对开发利用水资源行为征收费用或对水资源保护行为予以补偿,为长三角地区流域生态保护补偿法律制度提供上位法支持。

3. 跨区域生态保护的重要立法探索

在我国立法实践中,区域性生态保护法日益成为生态环境保护立法的主要增长点(岳小花,2022)。一是 2020 年通过的我国第一部流域性法律

---

① 参见《中华人民共和国地方各级人民代表大会和地方各级人民政府组织法》第八十条规定、第八十一条。

② 参见《中华人民共和国立法法》第八十三条规定。

《中华人民共和国长江保护法》，开启了我国区域性生态保护立法的新纪元，明确规定了长江流域生态保护补偿制度①。二是 2022 年通过的《中华人民共和国黄河保护法》，也明确建立协同机制。《中华人民共和国黄河保护法》第六条规定，建立省际河湖长联席会议制度。同时，第一百零五条规定建立执法协调机制，推进行政执法机关与司法机关协同配合。三是 2023 年通过的《中华人民共和国青藏高原生态保护法》，明确规定了生态保护补偿制度及与其相关的自然资源统一确权登记制度，并规定了市场化生态保护补偿的生态产品价值实现机制②。同时，还规定了青藏高原生态保护补偿的绿色金融法律保障制度③。四是《国家公园法》被列入《十四届全国人大常委会立法规划》中"条件比较成熟，任期内拟提请审议的法律草案"之一。五是 2024 年 3 月通过的《促进长三角生态绿色一体化发展示范区高质量发展条例》，对长三角生态绿色一体化发展示范区内，规划建设、生态环境、创新发展等跨区域协同制度，作出全方位、多维度的规定，对示范区已探索形成的重点制度创新成果，用立法的形式固定下来，有利于以法治方式助力示范区走出一条生态文明与经济社会发展相得益彰的跨行政区域共建共享新路径。以上区域性立法，其调整对象均跨越多个行政区域、其主要目的都是保护生态环境、促进绿色发展和低碳转型，以推动双碳目标加速实现而制定的跨区域性法律规范。其中，也不乏对生态保护补偿法律制度的规范和明确，这些都为长三角区域生态保护补偿协同立法奠定了重要的法律基础和实践依据。

4. 行政法规中的相关规定

《生态保护补偿条例》是我国首部专门针对生态保护补偿的行政法规。该《条例》总结了过去二十多年生态保护补偿的实践经验，以行政法规形式

---

① 参见《中华人民共和国长江保护法》第七十六条。
② 参见《中华人民共和国青藏高原生态保护法》第四十三条。
③ 参见《中华人民共和国青藏高原生态保护法》第四十四条。

将行之有效的做法固定了下来。这对于推进生态保护补偿的法治化、规范化和市场化具有重要意义。该《条例》规定了政府、市场、社会等多元主体参与相结合生态补偿方式。就上海市流域生态补偿而言,太浦河作为沟通太湖和黄浦江的人工河道,是上海的重要饮用水源,也是长三角地区重要的跨界河流。《太湖流域管理条例》(2011)第十四条、第十七条、第十八条分别规定,太湖流域管理机构可对太浦河下达调度指令、制订取水计划等。同时,第四十九条还对流域双向补偿做出明确规定,全国首例"协议水质"新安江流域生态补偿,便以此为依据。

　　5. 地方性法规中的相关规定

　　长三角地区三省一市在流域生态补偿领域的地方立法也作了有益尝试。上海早在2009年就发布了《关于本市建立健全生态补偿机制若干意见》,开始针对基本农田、公益林、水源地和湿地开展生态补偿实践,江苏、浙江、安徽均在2017年颁布了省内流域生态补偿办法或方案,为各自省内生态补偿实践提供地方性法规依据。同时,长三角三省一市也分别制定了各自省市的饮用水水源保护地方性法规,其中上海、浙江、安徽分别专门规定了针对本省(市)内的以财政支付为主要手段的饮用水水源保护生态补偿法律制度。

　　从目前的立法现状来看,我国对流域及饮用水生态补偿主要采取分散立法的模式,相关条文散见于《中华人民共和国环境保护法》《中华人民共和国水法》《中华人民共和国水污染防治法》《中华人民共和国水土保持法》等法律中。由于各部门立法侧重点不同,难免造成部门之间关于流域及饮用水水源地生态保护补偿标准、方式、法律责任承担等方面的冲突。《太湖流域管理条例》作为长三角地区流域生态保护补偿的重要依据,第四十四条、第四十九条明确规定了流域生态补偿的主要制度。但是,该法只是从宏观上对太湖流域生态补偿做出规定,具体的补偿标准、补偿方式、法律责任承担等方面都缺乏细化,可操作性不强,导致生态补偿执法难以进行,流域及水源地安全隐患亦逐步显现。虽然沪、浙、苏、皖四地在各自地方性法规或规范性文件中,一定程度上规定了流域或饮用水水源保护生态保护补偿制度,但这些制度主要以政府补偿为主,对于法律权利、法律义务、法律责任等规定较为笼统,而且也缺乏对跨省界流域或者饮用水水源保护的法律规范。因此,亟须完善长三角流域饮用水生态保护补偿法律制度。

(三) 长三角市场化生态保护补偿协同立法的规章依据

随着作为制度供给重要形式的规范性文件陆续出台,长三角地区有了一系列配套实施的规范性文件为生态保护补偿协同立法工作的区际协同奠定良好的基础(见表3.3)。长三角地区三省一市人大签署的《关于深化长三角地区人大工作协作机制的协议》和《关于深化长三角地区人大常委会地方立法工作协同的协议》两份协同立法重磅文件,为持续拓展区域法治多样性新形态提供了契机。《长江三角洲区域一体化发展规划纲要》提出构建"立法协同常态化机制",为探索立法协同新境界给了明确指示。作为长三角迈出立法协同的坚实一步,《关于支持和保障长三角地区更高质量一体化发展的决定》提出法规规章和规范性文件应以标准协同、监管协同等协同制度为支撑,让协同立法有章可循。[1]另外,《上海市行政规范性文件管理规定》也率先规定以长三角地区更高质量一体化发展作为文件制定的执行标准。

表3.3　长三角地区协同立法情况梳理

时　间	签署文件或内容	意　义
2007年9月	《苏浙沪立法工作协作座谈会会议纪要》。	标志着区域间"协同立法"萌芽初显。

---

① 2018年,安徽省、江苏省、上海市、浙江省四地人大常委会分别同步作出《安徽省人民代表大会常务委员会关于支持和保障长三角地区更高质量一体化发展的决定》《江苏省人民代表大会常务委员会关于支持和保障长三角地区更高质量一体化发展的决定》《上海市人民代表大会常务委员会关于支持和保障长三角地区更高质量一体化发展的决定》《浙江省人大常委会关于支持和保障长三角地区更高质量一体化发展的决定》。

时　　间	签署文件或内容	意　　义
2014 年 4 月	沪苏浙皖在大气污染防治地方立法方面,共同协商确定示范性条款文本。三省一市在各自制定或修改的大气污染防治条例中,均以专章规定"长三角区域大气污染防治协作",明确联防联控。	标志着长三角协同立法迈向实践,成为全国首个成功实施的区域立法协同项目。
2018 年 7 月	沪苏浙皖签署《关于深化长三角地区人大工作协作机制的协议》,聚焦能源互济互保、产业协同创新、环境整治联防联控等重点领域,加强协同、监督联动。	完善了决策层、协调层和工作层之间的立法协同机制。
2018 年 11 月	沪苏浙皖签署《关于支持和保障长三角地区更高质量一体化发展的决定》,在规划对接、法治协同、市场统一、生态保护、共建共享等方面作出明确规定。	在制度层面,服务和支持国家战略。
2020 年 9 月	沪苏浙通过《关于促进和保障长三角生态绿色一体化发展示范区建设若干问题的决定》。	为促进和保障长三角示范区建设立法。
2021 年 2 月—2021 年 3 月	沪苏浙皖通过《关于促进和保障长江流域禁捕工作若干问题的决定》,明确联动开展长江保护法和长江禁捕执法检查。	为保障长江流域"禁渔令",提供更有执行力的立法依据。

三、长三角市场化生态保护补偿协同立法的法律困境

虽然法学理论中的整体性理论、利益平衡理论、激励理论为长三角地区市场化生态保护补偿协同立法提供了重要的理论基础,长三角地区市场化生态补偿协同立法在宪法层面、法规层面以及规章层面均存在立法依据,但是相关协同立法也存在诸多法律困境,具体表现为长三角开展市场化生态保护补偿立法协同的程度有限、市场化生态保护补偿暂未成为该区域立法协同的规划重点,以及市场化生态保护补偿实践面临的挑战对立法协同构成一定阻碍。

(一) 长三角开展市场化生态保护补偿立法协同的程度有限

不同的立法主体在实际立法中难免出现价值偏向,而区域协同立法有

助于纠正此类价值偏向,为实现区域公共价值、推动区域公共治理服务提供重要保障。实践证明,区域经济合作越是紧密,区域协同立法的需求就越强烈。长三角区域作为中国区域经济合作最为紧密的地区,各行政区之间进行协同立法的需求最为突出(李幸祥,2021)。首先,长三角市场化生态保护补偿立法协同重在协商沟通,主要通过平等协商和对话,表达相互诉求与期待,同时解决目前的分歧与差异。虽然区域协同立法在一定程度上表现为对本辖区管理权力的限制和管理职能的让步(刘斌和孙伟军,2023),但这实际上也是法规调整对象和范围的扩张。例如,地方性立法只对本辖区内相关事项的权利义务以及法律责任作出规范,但是区域协同立法的调整范围和规制对象却未能为跨界治理提供法律正当性。其次,就长三角地区而言,与生态保护补偿或绿色发展相关的立法协同主要是政府间合作协议①,由于缺乏法律执行力,以上协议难以履行和落地。最后,各地方省市相关立法部门绩效考核并未对区域协调立法作出相应调整,导致长三角三省一市间的协作立法壁垒至今尚未打破。

(二)市场化生态保护补偿暂未成为区域立法协同的规划重点

由于各行政区域之间的立法诉求、价值目标难免存在差异,很多事项的协同也难免需要彼此之间的博弈,立法中的利益分配机制更是一个核心问题。在协同立法过程中,如果一方不愿继续协同,则可能导致协同立法无法完成。而协同立法对于区域一体化发展,具有显著促进作用。目前,对于长三角地区生态环境治理出现的问题,长三角三省一市地方立法部门尚未形成一个以市场化生态保护补偿为主要内容的立法协同规划框架。应形成的

---

① 例如 2020 年 7 月,上海市政府、苏浙两省政府联合制定《关于支持长三角生态绿色一体化发展示范区高质量发展的若干政策措施》,推动从区域项目协同走向区域一体化制度创新。3 年来,长三角生态绿色一体化发展示范区印发《长三角生态绿色一体化发展示范区生态环境管理"三统一"制度建设行动方案》,推进示范区以生态环境标准、监测、执法"三统一"为核心的制度创新。印发《示范区固定源监管体系建设方案》《示范区生态监测实施方案》《示范区碳达峰碳中和工作指导意见》《示范区碳达峰实施方案》《水乡客厅近零碳专项规划》,制定《示范区重点跨界水体联保专项方案》,建立跨界水体联保制度。

框架的主要内容包括但不限于界定长三角地区市场化生态保护补偿制度的功能、明确政府在市场化生态保护补偿立法中承担的作用、确定生态保护补偿权利义务、界定法律标准、明确补偿方式、设立主管机构，以及健全纠纷解决机制等内容。

（三）市场化生态保护补偿实践面临的挑战对立法协同构成阻碍

长三角地区生态保护补偿实践主要集中在流域补偿领域，但是流域补偿中各利益相关方对其功能定位的差异，对立法协同构成一定碍难。例如，太浦河作为长三角地区的典型跨界河流，涉及沪、浙、苏两省一市对上海乃至长三角地区的重要性不言而喻，既是吴江等地的主要泄洪通道，也是青浦、嘉善等下游地区的主要饮用水水源地之一。但是，由于太浦河上、下游产业发展现状和功能定位的差异，上、下游对太浦河水资源保护与利用也存在不同诉求。太浦河为上游吴江地区提供着泄洪、航运的功能，对下游地区的河流功能定位为水源供给，包括上海市金泽水库水源地和浙江省嘉定市嘉善—平湖水源地，水质保护目标为 II～III 类。上游吴江地区为给下游提供良好的水质和丰富的水量，对区域内污染较高并有锑污染风险的纺织、印染企业实行停产、限产，并调控太浦闸下泄流量。下游上海青浦和浙江嘉善为保障上游江苏吴江地区汛期通过太浦河泄洪，需在一定程度上被动接受由于泄洪带来的水质污染风险。因此，上下游地区虽然定位不同、诉求各异，但需要相互合作，共同保障太浦河水环境的治理。生态保护补偿区域立法协同，既能积极促进太浦河流域上下游生态、经济和社会公平协调发展，也能助力上海水源地保护及长三角生态绿色一体化发展。

四、长三角市场化生态保护补偿协同立法的主要路径

区域立法协同，在一定程度上是对地方性法规的提炼与升华，但却不同于地方性法规，会引起相关领域地方性法规的立、改、废、释（焦洪昌和席志文，2016）。针对长三角地区市场化生态保护补偿存在的主要问题，可通过

制定促进区域生态保护补偿行动的框架性法规、设定长三角生态保护补偿目标行动的立法规划,以及重点流域立法经验开展立法协同转化等方面,来推动区域市场化生态保护补偿法治的发展和成熟。

(一)制定促进区域生态保护补偿行动的框架性法规

目前,长三角地区生态保护补偿相关的立法仍在探讨中,生态保护补偿还未真正从依赖政策治理转型到真正的法律治理。立法的不足,导致责任承担主体和承担方式的不明确。为缓解长三角市场化生态保护补偿协同立法不足的消极影响,建议制定有利于促进区域生态保护补偿行动的更具针对性的框架性法规。即,通过区域协同立法部门制定《长三角生态保护补偿促进条例》,为长三角市场化生态保护补偿提供有据可循、有法可依的法律框架。该《条例》可针对三省一市共同关注的流域生态保护补偿重点工作,采用联合起草条例草案的方式,将长三角地区生态保护补偿行动法定化,设立利益相关方权利义务和法律责任承担方式,并建立长三角地区生态保护补偿管理体制,明确相关风险保障机制。进而,再由长三角地区三省一市立法机关根据自身情况,在遵循该《条例》的基础上,制定各自省级地方性法规。最后,再由沪浙皖苏四地立法机关联合启动对该《条例》和四地相关地方性法规的评估机制,以兼顾区域协同立法的统一性和各地特殊性(杨解君和黎浩田,2023)。

(二)明确长三角生态保护补偿区域立法的主要内容

首先,应以流域(尤其是跨界流域)生态保护补偿入手,分别从明确生态保护补偿的权利义务主体、生态保护补偿法律标准、生态保护补偿法定方式、生态保护补偿管理机构、生态保护补偿产权法定以及纠纷解决机制等方面完善长三角生态保护补偿区域协同立法制度。其次,明确区域协同立法的管控范围,例如跨界流域水源保护区范围,划定沿线管控空间,建立相关"负面产业清单",对于船舶、工程、纺织印染等产业,应制定禁止活动清单。最后,严格执行各项污染物排放标准,制定更严格的、协商一致的污染物排放标准。

（三）完善长三角生态保护补偿区域立法的激励约束

正如前文所述，激励理论是长三角生态保护补偿区域立法的重要理论基础。在该理论的指引下，应当辅之以具有激励性质的制度安排。首先，鼓励社会资本建立市场化生态保护补偿基金，并鼓励以自愿协商方式进行生态保护补偿。同时，建立与生态保护补偿相配套的跨区域财政、金融等政策措施，推动长三角绿色金融一体化发展。其次，明确法律责任。设定长三角地区三省一市统一的法律责任承担方式，并明确责任部门，建立市场主体责任追溯制度。最后，依据大数据、区块链等技术建立信息数据共享平台，并确保数据内容科学、便于查阅以及及时更新，以实现信息互通，为长三角地区生态保护补偿区域立法、执法和司法提供便利。长三角地区具有丰富的科教和科技资源，可以为市场化生态保护补偿提供先进的创新技术，以整合长三角地区协同立法的优势资源，为实行市场化生态保护补偿科技资质和成果互认等提供法治保障。

（四）针对长三角生态补偿重点领域立法的协同转化

市场化生态保护补偿涉及诸多领域，包括生态产品价值核算与实现机制，体现碳汇价值的生态保护补偿机制，生态保护补偿绿色金融、碳金融与碳定价机制的完善，以及生态文化制度的浸润与影响。长三角生态保护补偿立法的合作与协调可从重点领域开始，实现政策文件向法律法规的转换。例如，作为市场化机制重中之重的碳市场领域，长三角生态保护补偿的实现需要碳市场、碳金融、碳定价制度的高度一体化。一是可在实施细则、标准等方面对接国家层面相关法规，二是在配额分配、联合执法、责任一致等方面，探索建立跨省协调监督机制，以有序立法推动长三角地区碳市场公平有效运行。

另外，长三角地区三省一市生态文化建设的协同发展对于长三角生态保护补偿协同立法建设具有重要推动作用，应当推动建立以上海为引领的长三角地区生态文化发展的重要平台和制度保障。全社会生态文化的推进和建设,可以促进社会公众"自下而上"形成一种主动理解、践行并积极推动生态保护补偿机制的社会文化和风气,以推动"美丽城市""美丽长三角"和"美丽中国"建设。生态文化是社会发展到一定阶段的产物,特指人类在实践活动中以"尊重自然""人与自然和谐"的价值观引导保护生态环境、追求生态平衡的一切活动。在推动长三角生态文化建设方面,可加大宣传教育力度,重点强调长三角三省一市共同拥有江南文化和红色文化的积淀,以及"应水而生"、江南园林等共同的文化审美情趣和情感认同,为推动该区域协同立法奠定重要的社会基础。

第四章
推进上海建立市场化生态保护
补偿保障机制

生态环境治理成效与速度关系到上海迈向"具有世界影响力的社会主义现代化国际大都市"的进程。生态保护补偿作为生态文明建设的重要制度，是上海迈向生态之城的重要举措。推进上海建立市场化生态保护补偿机制，除了相关法律法规的制定与完善，还应完善生态产品价值核算与实现机制、建立体现蓝色碳汇价值的生态保护补偿机制、加大生态保护补偿绿色金融资金保障、打造具有国际影响力的碳定价中心，以及建立生态保护补偿相关的生态文化氛围等更多市场化、多元化的保障机制。深入贯彻落实市场化生态保护补偿制度，以实现生态环境质量持续稳定向好，使绿色成为人民城市最动人的底色、最温暖的亮色，为打造人与自然和谐共生的现代化国际大都市提供重要支持。

第一节　推进上海建立自然资源资产产权
和生态产品价值核算

上海生态保护补偿主要体现在政府生态保护补偿领域，对市场化生态保护补偿的探索还有待进一步提高。而市场化生态保护补偿的前提应当是产权清晰。上海乃至全国大多数省市市场化生态保护补偿的进展缓慢,主要与自然资源资产产权不明晰所致。产权明晰是市场化生态保护补偿立法及流域生态保护补偿得以顺利进行的前提条件。以水权为例,高效配置水资源,同时可以激励水资源保护和制约水资源污染与浪费的功能。欧美发达国家生态服务付费制度起步较早,发展也较为完善,我国可以适当吸收和借鉴。欧美国家的案例取得成功的重要原因,皆因自然资源资产产权制度明确,从而利用市场化生态保护补偿进行资源保护。为使我国流域生态保护补偿得以顺利开展,水权的清晰界定必不可少。

社会主义市场经济下的产权制度促进生态资源作为一种资产在区域内、区域间自由流动和优化配置。生态资源产权足够清晰,才可能将生态资源作为资产进行资本化经营,才能有效维护所有利益,才能进行市场化生态保护补偿。根据《宪法》第 9 条规定,"自然资源属于国家所有",虽然我国是生态自然资源公有制,但并不阻碍自然资源所有权有效实现形式的推进,而是建立起了个体私益与社会公共利益之间的平衡机制,即推进自然资源资产产权制度的改革。可以在自然资源国家所有的基础上,进一步明确自然资源的国有资产属性和合理用途,做好统一确权登记,丰富生态资源使用权权能,推动建立归属清晰、权责明确、监管有效的产权制度。

一、明确自然资源的国有资产属性与用途

明确自然资源的国有资产属性和合理用途,首先要对其进行自然资源资产产权进行登记。对自然资源统一确权登记,是提高国家对自然资源资产管理效率、推动自然资源市场化配置的前提保障,也是构建市场化生态保护补偿制度、促进生态产品价值实现机制的重要前提。党的十八届三中全会首次提出,"对自然生态空间进行统一确权登记"。2016 年和 2019 年分别发布的《自然资源统一确权登记办法(试行)》和《推进自然资源资产产权制度改革的指导意见》,均规定完善自然资源资产产权法律体系,后者还规

定了所有权行使方式为"直接行使"和"代理行使"。随后陆续研究出台自然资源确权登记相关技术标准，建设了全国统一的登记信息系统，自然资源确权登记制度和工作体系全面建立实行。2022年12月，海南热带雨林国家公园在全国率先完成公告登簿，打通了确权登记的"最后一公里"。2023年9月28日，上海崇明东滩国际重要湿地实现登簿，这是我国首个由国家登记机构完成登记的重点区域，也是湿地类型自然资源首次实现登簿①。截至2024年4月22日，我国自然资源确权登记工作进展顺利，已完成近百个重点区域公告登簿，包括武夷山国家公园，大熊猫国家公园，江苏大丰麋鹿、山东昆嵛山国家级自然保护区等。经过10年多的探索，自然资源确权登记从无到有，从构想到建立，从理论到实践，从试点到铺开，制度框架已基本建立，重点区域自然资源确权登记稳步有序推进。

首先，权利类型和边界的确定。通过自然资源确权登记，划清边界、确认权属，明确自然资源资产"谁所有""由谁管"。一是分清自然资源"国家所有"和"集体所有"的类型；二是对于"国家所有"的自然资源应当分清是中央所有还是地方政府所有，对于地方政府所有的，应当明确规定所属政府的不同层级。严格来讲，这里"中央政府所有"是"直接行使"所有权，而"地方各级政府所有"是"代理行使"所有权。

其次，考虑将自然资源资产产权登记与"不动产产权登记"有机融合，完善自然资源资产产权保护体系。统一登记制度实施以来，确权登记的范围从土地、房屋到林地、草原、海域逐步扩大，进一步丰富完善了自然资源资产产权保护体系。由于自然资源资产产权更复杂，同一自然资源可能属于不同区域、不同层级的地方政府所有。在权利的衔接和数据库的建设方面都

---

① 崇明东滩湿地位于上海崇明岛最东端，是东亚—澳大利亚候鸟迁徙路线上的一处重要停歇地，记录到的鸟类已达300多种，每年迁徙的水鸟上百万只，是大自然赐予的鸟类宝库和生态馈赠。通过登记，查清登记单元面积32 600.34公顷，摸清了权属状况和自然资源状况，为湿地保护和有效监管提供了产权支撑。

存在很大挑战。因此,上海可以在立法和"数字化"化建设方面,率先做出尝试和探索。

最后,正确处理政府与市场的关系,逐步对自然资源所有权与使用权实行全面登记,同时建立登记信息与公开查询系统,实现登记机构、依据、簿册和信息平台"四统一"。例如,结合《长三角生态绿色一体化发展示范区方案》的落地,考虑将太浦河进行确权登记,规定太浦河的所有权行使方式,国务院可委托长三角示范区管理委员会代理行使水资源使用权、收益权和转让权。太浦河流域水资源确权登记的法治化,将推动建立归属清晰、权责明确、监管有效的太浦河流域产权制度,同时对长三角地区市场化生态保护补偿机制的完善奠定基础。

当前,亟须总结评估试点地区存在的问题和不足,尽快将成熟的经验上升为制度。评估各试点区域的试点内容、方式方法等开展情况,着重对各试点区域的统一确权登记完成质量进行评估。考察确权登记一般程序的合法性、合理性,完善统一确权登记的类型、程序、通告和公告,以及登记审核和登记簿等内容,以更实用于确权登记实践工作的开展。同时,对在统一确权登记试点过程中,有关部委横向之间、中央与试点区域纵向之间的信息沟通、组织协作机制进行测评,自然资源登记信息的管理和应用,以完善统一确权登记试点保障工作。

自然资源资产归属关系产权主体的权利和责任,进而影响生态资源资产能否合理利用及增值。我国《宪法》虽然规定了自然资源的国家所有权地位,但权益分配却转变为部门、地方所有,自然资源资产定位不清。推行自然资源资产产权制度改革,应在保证国家所有权完整与统一的前提下进行,明确自然资源的国家所有及集体所有属性,并将其纳入国有资产管理体系。按照全国功能区划定位,以用途管制为核心,通过法律、规划、考核等制度的综合应用,对生活、生产、生态空间等用途或功能进行监管,不能随意改变用途。一方面,根据不同类型生态保护要求,制定差别化产业准入环境标准,引导生态资源有序开发,促进经济再生产与生态再生产同步;另一方面,只要符合用途管制要求和保护环境等公共利益的需要,资源监管者不得干预资产所有者依法行使其权利。严格控制自然生态空间的用途,逐步提高生态系统服务保障能力。

此外,应建立自然资源环境承载力监测预警机制。针对不同权利主体对国土资源空间的开发和利用予以严格检测,通过市场化、多元化生态保护补偿等方式妥善处理开发区、禁止开发区之间生态保护与经济发展的矛盾,全面高质量推进自然资源和生态空间的生态产品价值实现机制。

二、整合建立统一的生态资源交易平台

丰富自然资源使用权权能,是整合建立统一的自然资源交易平台的前提和基础。产权权利是由所有权、使用权、处分权、收益权等权利组成的权利束。推动所有权与使用权等权能的分离,是促进自然资源资产化改革的必然结果,能够更好地适应经济社会发展多元化需求,扩大生态产品的有效和优质供给,发挥生态资源资产多用途属性作用。只有权能丰富完善了,才能实现资源产权交易的顺畅进行,提高产权转移的规模、效率和效果。在坚持全民所有制前提下,以强化资源处分或处置权、保障资源收益或受益权为核心,丰富生态资源资产使用权体系,提高自然资源资产利用效率。在明确使用权的基础上,尽可能细化使用权,包括转让、租赁、抵押、受益权等各项权利,提高自然资源的高效流转和使用。

当前,应以明晰产权、丰富权能为基础,建立自然资源资产有偿使用制度。例如,通过建立完善水权交易制度和平台,对区域水权交易、灌溉用水户水权交易等以公开交易或协议转让的方式进行交易;通过租赁、特许经营等方式发展森林碳汇和旅游,充分发挥使用权权能。同时,为维护自然资源所有者权益提供强大有力的资金支持,为生态资源产权交易流转奠定坚实基础。

此外,市场化生态保护补偿应当有统一的生态资源交易平台和完善的

自然资源交易制度。其中包括一级市场的挂牌出让和二级市场的有序交易,以便市场监管;同时建议根据市场运作行使以市场价为主体,政府指导价为辅助的定价机制。生态资源交易市场总体上仍处于发展初期,土地交易所、林权交易所、水权交易所、环境权交易所等资产交易平台分散设立、重复建设,监管缺位、越位和错位等现象不同程度存在。生态资源产权或者资产交易具有统一性,不应因行政部门分设一些所谓具有垄断性、政府直接提供的产品或者服务,按照公正公开的程序,让市场发挥配置资源的决定性作用,制定或者核定价格和收费标准。

整合建立统一的生态资源交易平台,可以先选择若干种能够较快实现与金融市场相结合的资源。可以先行选择上海等若干省市进行试点,建立"生态银行",在形成全国性交易体系的基础上,将其纳入全国统一的自然资源交易平台。同时,先行发展生态资源一级市场,待到条件成熟时,再延伸到生态资源的二级乃至更高层级资本市场。从碳排放市场交易的相关制度,考量全国统一的生态资源交易平台的数据报送、注册登记、交易和结算等规则制定,明晰全国统一的生态资源交易平台建设"路线图"。例如,南平市"生态银行"通过南平市政府出资并搭建了一个自然资源运营管理平台,在确权登记的基础上,结合"所有权、资格权、使用权"和"所有权、使用权、经营权"三权分置改革(崔莉等,2019)。同时将分散在集体和农户的自然资源通过抵押、出让、租赁、入股等方式进行"集中打包",并且通过考察市场需求,对形成的资源包进行整合、管理和提升,再根据实际情况和整体影响力、引入大数据和人工智能等技术,对接市场、项目和金融机构,以最大化引入社会资本。

三、建立科学的生态产品价值核算方法

生态资源价值量化核算及生态产品价值实现机制是上海实现市场化生态保护补偿的重要环节。近年来,上海围绕打造生态之城的目标指引,积极

探索符合上海超大城市特点的生态产品核算方法及价值实现机制,通过突出生态产品设计,提升生态空间品质;突出生态价值拓展,大力发展"生态＋"创新业态,突出技术创新和市场机制构建,激发生态产品价值实现的市场活力,取得了生态产品价值实现的明显进展和成效,形成了上海特色。但是在生态产品价值核算方面,还有待继续探索和实践,为其他兄弟省份以及国家生态产品价值核算方法的统一和建立,提供地方先行先试的经验借鉴。具体而言,生态资源价值核算机制的建立需要从核算内容、核算路径以及核算方式等方面入手,以促进上海市场化、多元化生态保护补偿机制的发展和完善(张文明,2020)。

目前,包括上海在内的我国大部分省市自然资源资产负债表内容并不全面,空间也并非全覆盖,不能完整反映生态资源资产"家底",也无法完全反映资源耗减、环境损害和生态破坏等负债情况。上海应当借助目前已有经验,尽快研制并出台自然资源资产价值核算方案。建议在土地、林木和水资源等核算的基础上,至少要增加空气和生物资源核算。虽然空气价值度量难度很大,但是具有其他资源无法替代的生态功能,省区资源的生态功能也不容忽视。可以用某种生态资源资产价值作为换算单位,计算出其他生态资源资产价值,加总形成地区生态资源资产价值,具体涉及单位生态资源资产中的有益元素含量和地区生态资源类型分布。

由于生态系统服务在结构、功能等方面的复杂性,将生态价值赋予生态系统服务并非易事。从生态系统的结构和功能到生态系统服务的转换是很困难的,因为它们之间的因果关系既不是线性的,也不是直接的。生态系统的复杂性和可变性也使开发具有广泛和普遍应用的模型变得困难。此外,大多数生态系统服务是公共产品,不是按市场进行分配。市场价格是商品和服务的最简单、最通用的估值方法,但是由于生态系统服务没有市场价格,经济学家开发了替代工具。公共产品市场的不完善导致缺乏价格机制来表明生态系统服务的稀缺或退化。每当决策者和管理者决定如何分配或保护资源时,他们都会做出相对折衷的决策。这些决策主要是基于社会赋予这些资源的价值的经济决策。简而言之,生态系统服务的价值在于其为社会带来了多少价值,以及社会将为获得这种服务放弃多少。

为了衡量福利的变化并获取生态系统服务的总经济使用和非使用价值,经济学家主要依靠两种替代方式:支付意愿和接受意愿。与"接受意愿"相同的商品或服务将是非常相似的,经验研究已经表明,它们之间可能会有很大的差异。通常,不受收入限制的"接受意愿"的方法比接受支付意愿的方法产生的改进价值更大。经济学理论认为,"接受意愿"适合于评估人们有权享有的服务的转移,而"支付意愿"则适合于评估新服务或现有服务中的更多服务的提供。由于大多数生态系统服务都没有可以表明支付或接受意愿的市场价格,因此可以通过非公开的方法以明确的偏好来设定它们。在极少数情况下,也可以使用利益转移方法。某些评估方法在评估具有公共物品特征的生态系统服务时更合适,而私人物品服务通常最好由其他方法提供评估,并且某些方法可以同时应用于这两种方法。

此外,生态资源种类繁多,生态资源资产价值评估方法各异,较为常见的有成本法(通过对该资源生产或维护的成本评估其价值,如历史成本法、重置成本法、旅行成本法)、收益法(通过对该生态资源所产生或预期产生的收益评估其价值,包括收益贴现法、收益倍数法)、市场法(以市场价格来评价其价值,包括现货市场交易价格法、期货市场交易价格法)、意愿法(以消费者的支付意愿衡量其价值,如支付意愿法、调查意愿法)。当前,国际上还没有适用于任何地区任何自然资源的评估方法。建议分类核算各类生态资源价值,找到某种生态资源价值核算的科学方法,如比较流行的水资源红线调控法与过程核算法、林业碳汇价值法和旅游付费法等,先确定单项生态资源科学核算方法,再找到各类生态资源价值的换算方法。上海可以先行确定某种方法作为该生态资源资产价值核算方法,并说明各项资源核算内容、基础数据、何种方法和相关标准。建议通过互联网、遥感卫星等现代信息技术手段,提高生态资产遥感测量的精度,以提高数据来源的可靠性。采取统一的遥感监测技术手段,实现生态资源实时动态监测,建立上海生态资源联网信息平台,统一不同部门生态资源资产统计口径,提高生态资源资产价值核算精度。

目前,自然资源资产负债表是按照"先实物量再价值量、先存量再流量、先分类再综合"的原则编制。各试点区域也在探索具体的加总方式。例如,浙江省湖州市自然资产负债表由1张总表、6张主表、72张辅表和大量底表构成。河北省承德市是先由统计局设计核算总表,协调各职能部门进行分类并核算后再加总,在加总过程中通过辅助表消除资源损益重合部分,对于没有覆盖的资源环境损益,通过扩展表来填补。生态资源资产核算路径与自然资源资产负债表核算路径有许多共同之处,需要事项清单管理,逐年统计,定量核算其产出和效益,进而跟踪生态资源资产价值变化。但生态资源资产核算尤其需要做好前期调查和统一核算路径。

四、推进生态产品价值实现机制多样化

推进生态产品价值实现机制多样化的关键在于理解生态产品的内涵、价值构成及其价值实现的途径,并在此基础上,探索和创新多元化的价值实现机制。上海在生态文明建设中坚持保护与建设并举,尊重生态机理,设计生态空间;保护与开放并举,坚守生态底线,突出三生融合;保护与运营并举,创造生态精品,延伸生态产业。通过近些年的努力,创新出"生态+"的模式或业态,促进生态产品价值延伸与实现,取得明显进展和成效,形成了上海特色。一是结合生态整治,打造高品质郊野公园,使其成为市民重要的绿色公共空间,促进实现生态环境效益与经济效益的双赢;二是大力发展"生态+"创新业态,"生态+旅游"打造生态旅游价值链体系,"生态+文体"有效拓展生态经济与生态价值;三是突出技术模式创新,不断提升生态农产品科技价值,以品牌建设为纽带,不断提升生态农业产业链价值;四是注重

调动市场主体积极性,挖掘生态产品价值,鼓励社会组织和公众参与,提升生态空间品质(马建堂,2019)。尽管上海作为超大型城市在城市生态产品价值实现方面提供了"都市范本",但是在注重生态产品空间的打造、"生态+产业"的进一步深化发展与完善、生态产品价值市场机制的实现以及"区块链""智能合约"等新技术产业与生态产品实现机制的结合等方面,仍有较大潜力亟待挖掘。

为了进一步推进上海生态产品价值实现机制,应该注重生态保护补偿与绿色发展的有机结合。首先,实现生态产品供给和生态服务价值持续增长。培育以生态产品为核心的新的经济增长点,突出上海本地的生态产品、金融工具等。推进"山水林田湖草沙"系统保护与修复的进程,根据区域主导生态功能和生态系统结构特征,围绕生态系统保护与治理中的重点难点问题,制定保护修复方案和实施路线图,实现生态服务功能提升。通过"增量",确定"补偿多少",识别生态保护修复重点区域空间分布,核算生态服务价值增长情况,针对促进生态服务功能提升而进行的投入进行补偿。

其次,建立生态产品价值实现机制。中国特色生态产品价值的实现,需要满足生态产品有用性、稀缺性、产权明晰和交易成本经济可行四个基础条件。基于绿色金融的生态产品价值实现机制,需经历四个关键的发展阶段(如图4.1所示):一是通过生态产品价值核算揭示生态系统服务的功能与价值;二是在对生态产品(或其依附土地)确权的基础上明确生态系统服务存量和增量的占用和运营方式;三是条件允许的情况下推进交易或市场的构建,实现生态产品商品化;四是最终实现生态产品市场金融化,即生态资产成为金融市场投资者的投资对象,并通过绿色信贷、绿色债券、绿色保险、绿色基金、碳金融衍生品等相应的金融工具与之匹配,在降低生态产品项目融资成本的同时,增加生态产品市场融资的渠道、模式与规模,形成生态产品价值实现的良性循环。同时,完善农业保险代偿路径。探索特色产业"政策性＋商业性"保险途径,推动农业保险"扩面、增品、提标",增强生态产品应对灾害风险和抵御市场风险能力。

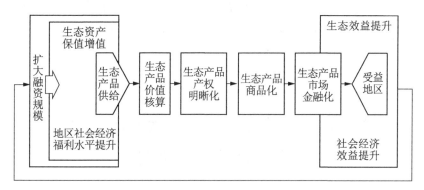

资料来源:许寅硕、薛涛:《基于绿色金融的生态产品价值实现机制》,《济南大学学报(社会科学版)》2023 年第 1 期。

图 4.1　绿色金融生态产品价值实现理论机制

　　生态产品价值实现机制,是"绿水青山"向"金山银山"转化的重要媒介。生态资源抵押、质押等新型绿色金融产品和机制,则是推动生态资源产品价值实现的重要平台和支柱。例如,江西省资溪县充分发掘生态产品价值优势,以生态入"储",以资源抵"贷",细分物质类、文化服务类、调节服务类生态产品,按照"一行一品"原则,推动辖内绿色融资创新。先后落地森林赎买抵押贷款、林权收益权质押贷款、特定资产收费权质押贷款、特种养殖权质抵贷款、水资源抵押贷款、民宿贷、"百福·碳汇贷"、林权代偿收储担保等多种生态权益金融业务,为"两山"价值转化提供源源不断的"金融活水",实现"绿水青山"可转化、可增值。

　　最后,把生态保护补偿充分融入区域绿色发展。一是产业绿色转型。可以通过产业承接、发展优势产业、共建园区等生态保护补偿方式,加快产业向资源优势区域转移。也可以通过税费减免、优惠政策支持等方式,鼓励产业提升生产技术水平,减少污染物排放。二是乡村振兴。通过生态保护岗位提供、特色资源产业开发、生产技能培训等生态保护补偿路径,推动精准扶贫。三是推进生态产业化,充分发挥区域生态环境比较优势,着力培育打造以生态产品为核心的新经济增长点,推动"绿水青山转化为金山银山",实现绿色发展。加快生态旅游、生态农业等生态产业发展,促进生态产品价值转化,提升贫困地区经济发展水平及生活水平,形成生态保护和修复与生态资源开发的良性循环。

第二节 推进上海建立体现蓝碳价值的生态保护补偿机制

"减源"和"增汇",作为国际公认的实现"碳中和"的重要手段,两者不可或缺。[①]"减源"主要通过节能减排和使用清洁能源来实现,而"增汇"主要通过运用基于自然的方法,吸收和清除大气中的温室气体以达到缓解和适应气候变化的战略目标。碳汇类型主要包括森林碳汇、草地碳汇、湿地碳汇以及海岸带和海洋碳汇。森林、草地、湿地碳汇一般被称为"绿色碳汇",海洋和海岸带碳汇一般被称为"蓝色碳汇"。目前我国的碳交易市场,主要是碳排放权交易,碳汇交易补偿相对较少。以前我国参与《京都议定书》清洁发展机制(CDM)作为国际碳市场主要卖方,绝大多数项目都是新能源和再生能源等工业减排项目,造林和再造林的林业碳汇项目占的比例不到1%。就碳汇交易而言,也主要以林业碳汇为主。实际上,海洋、海岸带等蓝色碳汇也是主要的碳汇途径。虽然《建立市场化、多元化生态保护补偿机制行动计划》明确规定了"鼓励通过碳中和、碳普惠等形式支持林业碳汇发展",但是对于海岸带蓝色碳汇却很少涉及。我国拥有丰富的蓝色碳汇生态系统,

---

① "汇",是指从大气中清除温室气体、气溶胶或温室气体前体的任何过程、活动或机制,"源"指向大气排放温室气体、气溶胶或温室气体前体的任何过程或活动。参见《联合国气候变化框架公约》第1条定义部分第8款、第9款。

然而很长时间以来,有关生物固碳的法律政策实践主要集中在森林碳汇,海岸带蓝色碳汇的保护与利用却被长期忽视。经过最近几年的环境保护法律与实践的发展,更多学者已经认识到,海岸带及海洋生态系统不仅为人类发展经济提供必须的自然资源和发展空间,还作为全球气候的"调节器"发挥着巨大作用。

上海市大陆自然岸线总长约 26 786.2 米,占总岸线长度的 12.57%。虽然上海市对海岸线实行严格保护、限制开发和整治修复的方案,对海岸带也实行了严格的保护措施,但是上海海岸线环境仍然面临人工岸线不断增长、自然岸线不断减少的现状。例如,由于工业用地面积占比较高、滨海沿江产业的过度发展,宝山和金山海岸带生态环境和生态服务价值受到严重影响。因此,大力开发海岸带蓝色碳汇项目,通过引入市场流通和有偿交易机制,保护和恢复海岸带蓝色碳汇生态系统,不仅有助于上海实现节能减排目标、推动上海迈进"生态之城"、建立"卓越的全球城市",更有助于上海乃至我国"双碳"目标的实现。

一、理顺碳汇交易与碳交易的关系

碳交易,也称碳排放权交易,是以国际公约和法律为依据,以市场机制为手段,以温室气体排放权为交易对象的制度安排。另外,对于碳交易市场,需要有一套适宜的、和谐的法律体系提供一定法律规范和指引,以达到碳交易的预期目标(Nicola,2008)。目前全球温室气体排放交易市场的出现,将为海岸带蓝碳生态系统的保护与恢复提供重要契机。因此,海岸带蓝色碳汇的减排功能将被不断发展的温室气体排放的法律法规和碳交易市场视作应对全球气候变化的重要工具(Hamilton et al.,2007)。

目前,国际碳交易的标的物主要有两类,分别是占主导地位的基于总量控制的排放配额和基于项目的基线信用型交易。首先,配额主要是为国家或企业设定具体的碳排放总额。如果排放总量超过了排放配额,对于国家而言,可能违反了国际法义务;对于一国企业而言,可能要受到相关国内法的制裁,例如罚款等。但是,无论国家还是企业,如果其排放总量超过排放配额,除了需要承担一定法律责任外,还可以进行排放配额的交易。例如,如果一国或者企业的实际排放量超过排放配额,则可以向排放配额有结余的国家或企业购买。其次,基于项目的信用型交易主要针对能够降低或者吸收碳排放的项目,例如碳捕集与封存以及森林碳汇等,主要分为强制性和自愿性碳排放交易机制。①

因此,碳汇交易虽属碳交易的范畴,但碳汇交易并不等同于碳交易。尽管目前我国还没有完善且系统的碳汇交易体系,但在《联合国气候变化框架公约》及《京都议定书》的规制下,我国森林碳汇交易带来的相关环境效益和社会经济效益已然不能忽视。不同于森林生态服务,蓝色碳汇交易则是指在平等自愿的基础上,买方为了投资或者抵消自身因为生产活动所产生的二氧化碳排放量,以支付对价的方式,获取卖方通过开展海岸带蓝色碳汇保护和恢复项目所产生、计算出的核证减排量的行为。上海作为碳排放交易的试点城市,在碳交易市场实践方面经验丰富,可以率先将海岸带蓝色碳汇纳入碳汇交易的领域,并探索将碳汇交易从国家核证自愿减排量(CCER)项目中的一类提升为碳交易市场中的独立板块,完善交易和抵消规则,进一步丰富碳交易市场的结构。

二、明确海岸带蓝色碳汇的法律属性及法律地位

现代产权经济学认为,只有产权清晰的商品才能进入市场交易(金巍

---

① 强制性交易机制主要是清洁发展机制和联合履约机制。芝加哥气候交易所是自愿性减排机制的主要代表,其信用的产生主要依托于碳排放交易双方签署的合同。在我国,自愿性碳排放交易机制主要为国家核证自愿减排量(CCER),指的是按照《温室气体自愿减排交易管理暂行办法》(2012)的相关规定,通过备案手续并在国家注册登记系统中登记过的国家核证自愿减排量。在基于项目的国家核证减排量交易中,其大部分的产品来自能源、化工、交通、矿产品等15个专业领域的减排项目。基于项目的基线信用型交易中的可以吸收碳排放的项目,可以理解为碳汇交易。

和文冰，2006）。由于所有权是产权的基础性权利，那么产权明晰的商品必然是所有权归属明确的商品。海岸带蓝色碳汇作为一种新生事物，为海岸带生态系统服务价值的市场配置提供了可能，也为提升其市场竞争开辟了一种新的思路。海岸带蓝色碳汇是一种将具有公共物品属性的大气环境资源，通过一定的科学技术和明确的方法学将其转换为一种确定的资产，该资产可以在特定主体间相互交易、并且形成一种有效的资源流通机制，从而达到对大气环境容量这一环境产品进行资源优化配置的目的。与此同时，也产生了一个最基础的法理学问题：海岸带蓝色碳汇权是否是一种新型权利？ 如果是，谁有权创设该法律权利，谁有权可以依法获得基于海岸带蓝色碳汇权而产生的相关利益？ 关于海岸带蓝色碳汇核证减排量的所有权归属问题，国外也有学者提出相同看法，认为"有关气候变化的相关立法，首先应当明确有权利生产并获取碳信用额'所有者'的主体是谁"。

　　本书尝试进行通过以下思路进行界定。首先，核证减排量作为海岸带蓝色碳汇权的客体，虽不具备一般权利客体的特征，但因其符合对主体为"有用之物""为我之物"和"自在之物"的特征，可将其视为民法规范中的权利客体；海岸带蓝色碳汇权的主体为国家、法人和其他主体。海岸带蓝色碳汇权的内容包括积极权能和消极权能，前者包括占有、使用、收益和处分权能；后者指权利人得排斥并去除他人对海岸带蓝色碳汇核证减排量的不法侵夺、干扰与妨害。其次，对于海岸带蓝色碳汇权法律属性及其争议也应予以回应，包括对"用益物权说""新型财产权说"以及"行政特许权说"的探讨与回应。"用益物权说"为典型物权，如将海岸带蓝色碳汇权定性为用益物权容易忽视二者的差异。例如，海岸带蓝色碳汇权的取得需要经过"核证"的行政许可，但是用益物权的取得并不需要行政许可。同时，也不能将英美法系给"排污权"确立的"新型财产权"属性，直接给予海岸带蓝色碳汇权。另外，如果将其定性为"行政特许权"也会在法律逻辑以及具体实践中产生一系列问题。因此,以上几种观点均值得商榷。最后,由于海岸带蓝色碳汇权不仅具有物权的基本特征,且更具有典型物权不具有的法律属性,最终将其定义为"准物权"法律属性更为合理。

诚然,如同海岸带蓝色碳汇权一样,当社会经济形式不太复杂且该权利还在发展初期时,对于少数无形财产权,可通过解释论路径使之物权化,从而得以融入传统的二元财产权体系,保持既有财产权结构的稳定。随着社会经济发展,特许经营权和市场经营自由权等无形财产权不断涌现,难以全部融入物权的理论和立法体系。因此可以设想,随着将来无形财产权理论和立法体系的完善,碳排放权、碳汇权等权利可在无形财产权体系中谋得一席之地,成为由环境法规定的独立的无形财产权类型,这样更符合理论的发展趋势以及实践层面的具体操作(李海棠,2020)。

三、制定科学的碳汇核算标准及重要法律考量

由于海岸带蓝色碳汇交易的机制和林业碳汇交易的机制较为相似,国内外对海岸带蓝色碳汇标准的研究较为透彻。国内外机构发布了一系列海岸带蓝色碳汇标准。国外发布的标准包括美国的碳注册(ACR)系列方法学、政府间气候变化专门委员会(IPCC)方法学、国际核证碳减排标准(VCS)系列方法学,以及联合国环境署蓝碳方法学;就国内来说,自然资源部于 2023 年发布《海洋碳汇经济价值核算方法》和《海洋碳汇核算方法》为蓝碳的量化及其经济价值核算提供保障(强调保护修复的成效评估);2023年 10 月 24 日,生态环境部发布了包括并网光热发电、并网海上风力发电、红树林营造和造林碳汇在内的 4 个新 CCER 方法学,代表了绿色能源和生态保护的最新成果。地方层面比较有代表性的是广西红树林中心起草的广西地方标准。ACR、VCS、IPCC 国家温室气体指南以及联合国环境署的蓝碳手册等是目前发布的关于海岸带生态系统方法学中主要针对自愿市场的,但其中一些参数以及估算方法仍然存在很大不确定性,比如全球变暖和

湿地退化对海岸带生态系统的固碳速率发生影响等。

　　蓝色碳汇交易的首要问题是如何解决蓝色碳汇项目在开发中所需的方法学体系，以及该体系如何制定与推广。在国际倡议提出后不久，不同层级的政府间国际组织以及民间机构就陆续提出了有关海洋碳汇的方法学，为海洋碳汇交易的实践打好坚实的科学基础。具体包括六类。第一，新版的"黄金标准"，2013 年公布了第一个红树林造林和重新造林准则。第二，核证碳标准（VCS）分别在 2014 年、2015 年发布《沿海湿地创造方法学》和《潮汐湿地和海藻地修复方法学》，规定全球海岸带蓝色碳汇生态系统的计量方法学。第三，IPCC 在 2014 年发布《国家温室气体清单指南（2013）：增补湿地》，提供了单位面积碳储量的全球平均值作为参考，用来计算海岸带蓝色碳汇项目的碳储量。第四，联合国环境署在 2014 年 9 月，发布《沿海蓝碳——红树林、潮滩湿地、海藻地碳储存及排放因子的计量方法手册》，为海岸带蓝色碳汇项目参与自愿减排市场提供可资借鉴的方法学基础。第五，2022 年自然资源部发布《海洋碳汇经济价值核算方法》和《海洋碳汇核算方法》，提出了海洋碳汇能力评估和海洋碳汇经济价值核算的方法，适用于海洋碳汇能力评估和海洋碳汇经济价值核算与区域比较。该标准的制定具有多重意义，从国家角度，有利于在国际气候谈判和碳交易中形成有利局面，提高国际影响力；从科学角度，覆盖多类型碳汇，为未来海洋碳汇研究保留更多空间；从产业角度，有利于在发展低碳经济的同时稳健地实现产业转型，提高经济效益。第六，我国广西红树林研究中心起草的广西地方标准《红树林湿地生态系统固碳能力评估技术规程》，也为我国海岸带蓝色碳汇的保护与管理提供技术支撑。以上这些标准，为海岸带蓝色碳汇核证减排量的确定奠定了坚实的科学基础。总之，海岸带蓝色碳汇产生的 CERs，通过具体方法学中的参数和计算方法可实现对其支配、控制和利用。

　　对项目支持者设立较高的门槛对海岸带蓝碳项目特别重要，因为海岸带蓝碳项目的性质通常是多目标且涉及多个合作伙伴。首先,明确的项目所有权结构有助于促进项目的开发和实施。如不可将控制权分配给一个行为者、组织或集体参与者,那么整个项目管理从一开始就面临风险。其次,项目支持者是碳资产的自然权利持有者。如果官方支持者与项目控制的真正持有者之间不匹配,那么对碳资产的定义要求可能会引起争议。支持者和其他利益相关者,例如碳信用的买方,如果项目旨在产生碳信用,则必须创建特有的有运营、法律、财务需求的公司结构。包括项目倡议人、温室气体核算方法、碳库、合格气体、项目界址、基线和项目情景、碳泄漏、持久性、不确定性等(李海棠,2022)。

四、考虑与碳交易机制的衔接及地方性立法

根据《联合国气候变化框架公约》以及有关碳交易的相关国内外制度安排,能够交易的海岸带蓝色碳汇应当是按照相关规则以及被批准的经蓝碳方法学开发后的海岸带蓝色碳汇项目所产生的那些净碳汇量,也就是基于"基线"的、具有"额外性的"、除去"碳泄漏"的碳汇增加量。虽然目前 CCER 碳汇市场仅规定了林业碳汇项目,但是根据前述海岸带蓝色碳汇项目的介绍,海岸带蓝色碳汇项目也可以纳入 CCER 的领域,既可以参与资源市场的信用交易,也可以作为配额市场的抵消机制,从而促进碳排放权交易市场的进一步完善。

(一) 将蓝碳纳入 CCER 机制

CCER 作为国内最成熟、最严格的自愿碳交易标准,涵盖了我国境内可再生能源、林业碳汇、甲烷利用等多种类型的减碳固碳项目,为这些大型减碳固碳项目提供了生态价值的实现路径(蓝虹和杜彦霖,2024)。尤其是 2024 年 1 月 22 日,全国温室气体自愿减排交易市场启动,其与 2021 年 7 月启动的全国碳排放权交易(CEA)市场共同构成完整的全国碳市场体系。其中,CCER 市场是自愿减排市场,与强制减排市场 CEA 互补衔接,共同助力

实现双碳目标。2023 年 10 月 19 日,生态环境部和市场监管总局正式发布了《温室气体自愿减排交易管理办法(试行)》,该文件的正式发布,标志着我国自愿减排市场的重新启动。新的《管理办法》进一步明确了项目类型和准入要求,对项目和减排量计入时间、项目审定和减排量核查流程也做了修改(见表 4.1)。

表 4.1　《温室气体自愿减排交易管理办法(试行)》&《温室气体自愿减排交易暂行办法》

	《温室气体自愿减排交易 管理办法(试行)》	《温室气体自愿减排 交易暂行办法》
气体种类	二氧化碳、甲烷、氧化亚氮、氢氟碳化物、全氟化碳、六氟化硫、三氟化氮等 7 种温室气体	二氧化碳、甲烷、氧化亚氮、氢氟碳化物、全氟化碳、六氟化硫等 6 种温室气体
主管单位	生态环境部	国家发改委
项目 备案流程	文件设计-公示-审定-申请项目登记	文件设计-公示-审定-申请备案-专家评估-项目备案审批-登记
减排量 备案流程	减排量核算-公示-第三方核查-申请减排量登记	监测报告-公示-核证-申请备案-专家评估-减排量备案审批-登记
项目 开始时间	2012 年 11 月 8 日以后开工	2005 年 2 月 16 日以后开工
减排量 追溯期	应在 2020 年 9 月 22 日之后	项目开始产生减排量之时
交易机构	北京绿色交易所	全国 9 个交易试点
新增内容	第三方机构管理、监管和惩罚、限制项目类型和法律责任	—

资料来源:生态环境部。

有关 CCER 碳汇交易流程,主要有以下两种方式:一是项目碳汇 CCER 获得国家发展改革委备案签发后,在碳交易所交易,用于控排单位履约或者有关组织开展碳中和等自愿履行减排的社会责任;二是项目备注注册后,项目业主与买家签署订购协议,支付定金或预付款,每次获得国家主管部门签发减排量后交付买家碳汇 CCER(张颖和曹先磊,2017)。目前,CCER 碳汇交易的特点包括以下方面[①]。一是项目的开发地与备案和交易地存在显著地区差异。中国自愿减排量开发的地区大多为自然生态资源丰富的西部偏远地区,其项目备案的成功率也较低。而碳市场试点主要集中于经济发展水平较高的大城市,其备案成功率自然也较高。二是在项目减排类型中,有关风电、生物质能源等的减排项目较多,但是与林业碳汇相关的造林、在造林项目比较少,与海岸带蓝色碳汇相关的碳汇项目,目前只有红树林营造方法学,缺乏盐沼和海草床等其他蓝碳生态系统方法学。三是 CCER 项目的风险较大、影响因素较多,缺乏一定稳定性。例如,碳市场的价格波动、碳配额的初始分配原则和比例等。以上因素在一定程度上影响了海岸带蓝色碳汇项目的顺利运行。因此,应当制定相对完善的法规和政策,给予海岸带蓝色碳汇项目业主一定的金融补贴等政策优惠。此外,将蓝碳纳入 CCER 需完善以下内容(Li and Miao,2022)。

第一,一种适用的方法学。目前,已经为陆地生物固存项目开发了包括造林项目、森林管理、竹子造林、竹子管理在内的四种方法学,但是这些方法学不能适用于蓝碳项目。因为以上项目必须包括合格的土地,即不属于湿地范畴的土地。此外,陆地和海洋生态系统之间的基本生物物理区别表明,为陆地领域开发的抵消机制无法成功应用于海洋环境(Bell et al.,2014)。因此,为蓝碳项目制定不同的方法学更为合适。根据上述陆地生物固存项目的方法学,减碳活动主要包括新种植。然而,有利于蓝碳生态系统的活动更侧重于恢复或复原[②]。恢复和复原活动既可以是主动的,也可以是被动的。主动活动包括实施管理技术,如种植、移植或建造人工栖息地。被动活动侧重于消除阻碍生态系统自然恢复的环境压力因素(如污染或水质差)的

---

① 基于中国自愿减排交易信息平台数据库,在对 CCER 开发流程介绍的基础上,就 CCER 项目的地区分布、备案类别分类和减排量类型进行简单描述性统计分析,并对 CCER 开发优势与潜力进行定性评价。

② 恢复是指协助退化、受损或毁坏的生态系统恢复的过程。复原是指部分或完全取代减弱或丧失的生态系统的结构或功能特征的行为。

影响(Bayraktarov et al.，2016)。因此，在将蓝碳项目纳入 CCER 计划之前，应考虑为其制定不同的方法学。然而，蓝碳项目的方法学应该采用更广泛的碳减排活动的定义，诸如"积极种植新植物"这样的狭义概念，只是对蓝碳生态系统做出贡献的众多手段之一。这些方法论将使项目所有者能够以最小的成本开发最有可能成功的项目。中国自然资源部发布了《海洋碳汇经济价值核算方法》，将促进蓝碳项目方法学的发展，并成为将蓝碳纳入 CCER 计划的重要前提。

第二，一个确定的项目边界。界定海洋环境中的项目边界不是一项简单的任务。为解决这一问题，可利用海洋空间规划来促进蓝碳项目边界的确定。与陆地空间规划相比，海洋空间规划是一门相对较新的学科，陆地空间规划已在全球范围内开展了很长时间(Douvere，2008)。海洋空间规划是指分析和分配当前和未来人类活动在海洋地区的空间和时间分布的公共过程，以实现通常通过政治程序确立的生态、经济和社会目标(Stelzenmüller et al.，2013)。根据《海域管理法》，海洋功能区划制度建立于 2002 年。此外，国务院于 2012 年批准了《全国海洋功能区划(2011—2020 年)》。《全国海洋功能区划(2011—2020 年)》包括 8 个主要类别的区域，用于农业和渔业、港口和航运、工业和城市使用、矿产和能源、旅游和娱乐、海洋保护、特殊用途和保留等目的。根据《中华人民共和国海域使用管理法》第四条，海域使用必须符合海洋功能区划。即，在开发打算利用海洋蓝碳项目之前，项目业主必须按照海洋功能区划确定选址。

然而，目前的海洋功能区划并没有为开发蓝碳项目划定区域。将海洋功能区划应用于蓝碳项目将为项目业主在界定项目边界时提供一个精确的参考区域，并促进 CCER 项目的发展。目前的国家海洋功能区划已于 2020 年到期，新的海洋功能区划正在编制中，建议新的国家海洋功能区划包括蓝碳项目，并将蓝碳保护纳入海洋开发和保护的整体框架。截至 2022 年 8 月，中国拥有约 48 126 平方公里的海洋保护区，占其海洋和沿海总面积的

5.48%(UNEP,2022)。这一比例仍未达到中国加入的《生物多样性公约》所确定的目标(即占世界海洋和沿海地区的10%)。因此,应将更多地区纳入蓝碳海洋保护区。同时,其他类别需要减少面积,如农业和渔业区、工业和城市使用区、旅游和娱乐区等。

第三,明确界定的法律权利。明确的法律权利是实施激励项目的关键,特别是在沿海海洋环境中。因为在沿海和海洋领域,有关保有权、权利指定和权力的复杂性成为引入和实施补偿项目的直接挑战。我国建立了一套完整的海域使用权授权制度。根据《中华人民共和国海域使用管理法》,海域属于国家所有①。即,如果一个单位或个人计划开发蓝碳的 CCER 项目,必须合法地获得项目边界内的海域使用权。《中华人民共和国海域使用管理法》提供了两种获得这种权利的方式:通过行政审批②或通过招标拍卖③。《中华人民共和国海域使用管理法》为海域使用权建立了有效的授权制度,从而保证了在一段时间内开发蓝碳项目的明确法律权利。但是要获得海域使用权,海洋功能区划是行政审批的重要依据。对于那些不符合海洋功能区划的项目,海洋主管部门会拒绝其海域使用权的申请。如上所述,目前的海洋功能区划并不包括蓝碳项目。因此,项目业主在开发蓝碳项目时无法获得海域使用权,这将导致在确立项目边界内蓝色碳汇权利时出现法律问题,从而阻碍蓝碳项目的实施。

第四,额外性要求。要确定生物固存项目的额外性可能相当复杂。具体来说,一个恢复项目可能是额外的,但一个保护项目将面临挑战。在保护的情况下,额外性取决于对未来社会经济激励和环境政策的假设(Claes et al.,2022)。以造林和再造林项目为例,可以通过四个主要阶段来证明其额外性。

---

① 参见《中华人民共和国海域使用管理法》第三条。
② 参见《中华人民共和国海域使用管理法》第十六条至第十九条。
③ 参见《中华人民共和国海域使用管理法》第二十条、第二十三条、第四十四条。

首先,选择基线情景。该阶段第一步是确定现实和可靠的情景,如果拟议的 CCER 项目没有实施,这些情景可能会在项目边界内发生。这些情景被称为基线情景。从基线情景中,选择那些不违反现有法律法规、强制性要求和国家或地方技术标准的情景。如果没有或只有一个方案被选中,那么拟议的项目就不是额外的。相反,如果选择了一个以上的情景,则建议的项目进入障碍测试。

其次,障碍测试。该测试着眼于实施所选基线方案的潜在障碍。在这种情况下,障碍被定义。为那些阻止至少一个方案实施的障碍,包括制度障碍、技术障碍、生态障碍、社会障碍等。不受任何这些障碍影响的基线方案被保留。相反,那些由于一个或多个障碍而无法实施的方案则被淘汰。如果只保留一个方案,可能会出现两种结果。如果保留的方案是拟议的项目,则不存在额外性,或者如果保留的方案不是拟议的项目,则将进行普通做法测试。如果拟议的项目被包括在这些情景中,则需要进行投资测试,如果拟议的项目没有被包括在内,则直接进入普通实践测试。

再次,投资测试。该测试确定所选方案中哪一个在经济上最有吸引力,即有最高的净收入。可使用几种方法,如成本分析、投资比较分析、基线分析等。如果净收入最高的方案是建议的项目,那么该项目就不会被追加。与此相反,将进行一个普通的实践检验。

最后,常见做法测试。常见做法是指与拟议项目类似的活动。这些活动通常在抵消地点所在的地区或在类似的社会经济和生态条件下实施。这种测试对拟议的项目和常见的做法进行比较分析,从而评价它们之间是否有根本区别。如果拟议的活动与通常的做法没有根本的区别,那么该项目就不是额外的。

一个蓝碳主动恢复项目,如红树林造林和再造林项目,可以像陆地造林和再造林项目一样通过所有这些测试。然而,正如上文所述,在海洋环境中实施积极的活动具有挑战性。在海洋领域更合适的活动是被动的,也就是允许海洋生态系统自然再生的人类活动。这些被动活动,如消除威胁或压力源,也可以实现额外性。然而,要证明蓝碳生态系统的再生是由上游保护或下游水质改善等被动活动造成的,则比较困难。因此,蓝碳项目的方法学应考虑到证明因果关系的这一挑战,并适当调整额外性的再要求。一个可能的方法是,如果项目所有者能够证明蓝碳生态系统的任何再生,则允许项目被认为是额外的。

第五,替代项目期和计入期。CCER 项目产生的减排量将因技术进步、产业结构、能源构成、政策和法律等因素而不同。这可能给 CCER 项目投资和减排效益带来不确定性和风险。为此,可提供两种类型的计入期期:固定计入期和可再生计入期。固定计入期指计入期的开始日期和期限只能确定一次。一旦项目注册完成,就不能再续签或延长完成。在这种情况下,一个拟议的 CCER 项目的计入期不能超过 10 年;可更新的计入期,其首个计入期可能不超过 7 年,但是可延长两次(即最多 21 年)。第一个计入期的开始日期和期限应在项目注册前确定。此外,可根据项目类型指定替代的计入期。海洋部门生物固存项目可能需要比陆地项目更长的时间来充分实现其碳固存潜力。海洋和沿海生态系统的完全恢复可能需要几十年到几个世纪,这取决于干扰的程度和生态系统的性质①。在为 CCER 项目提供一般计入期的同时,可根据项目类型规定替代计入期,如林业碳项目。考虑蓝碳项目的替代计入期会很有帮助,因为减排量可能不会在短时间内发生。因此,需要延长项目期和计入期。当然,这个问题也应从项目可行性和投资的角度考虑。项目开发商可能更愿意投资于陆地碳封存项目,而不是蓝碳项目,因为后者需要更长的时间产生回报。政府也应提供方法来克服这种对

---

① 例如,红树林土壤碳积累率需要 20 年的时间,才能接近天然红树林湿地的全球平均值;海草恢复项目在种植 50 年后具有非常可观的碳封存潜力,但短时间范围内(少于 10 年)的碳封存率可能非常令人失望。盐湿地恢复项目,恢复的地点需要约 100 年的时间才能积累到自然场所储存的碳量(Burden et al.,2013)。

蓝碳项目的潜在偏见。

　　第六,其他保障机制。全国碳排放权交易市场的建立,为海岸带蓝色碳汇交易市场机制的发展提供了重要契机,将海岸带蓝色碳汇交易纳入与CCER相关的立法规范,是推动中国海岸带蓝色碳汇交易市场与国家统一碳排放权交易立法相互衔接的重要手段,也是实现双碳目标的重要保障。为此,可从以下方面着手。首先,鉴于海岸带蓝色碳汇项目具有显著的多重效益,建议国家主管部门在制定抵消机制政策时适当向海岸带蓝色碳汇项目倾斜,鼓励重点排放单位(控排企业单位)优先购买并使用合格的海岸带蓝色碳汇CCER进行减排履约,支持海岸带生态建设,促进国家可持续发展。其次,中国核证自愿减排量政策的制定既要在应对气候变化战略目标下考虑碳排放权交易市场的建设,也要兼顾初始分配政策对CCER的影响。例如,如果将海岸带蓝色碳汇纳入CCER,并作为抵消机制参与配额市场交易的话,应当制定全国统一的抵消比例,建议在5%—10%之间取一确定数值。[①]再次,建议海岸带蓝色碳汇项目业主和技术咨询机构,按照国家有关政策法规、规则程序和CCER方法学的要求,严格按照批准的海岸带蓝色碳汇项目设计文件(PDD)实施海岸带蓝色碳汇项目,确保项目合法合规、真实有效,实现项目预期的保护和恢复海岸带蓝色碳汇生态系统的计划,达到项目预期的增汇和多重效益的目标。最后,建议蓝色碳汇项目审定与核证机构,按照国家有关政策法规、温室气体自愿减排项目审定与核证指南和所选用的CCER海岸带蓝色碳汇项目方法学的要求,严格审核程序,维护经国家机关授权委托的独立审核机构的权威性和CCER的公信力。另外,建议有关科研机构、咨询机构,根据海岸带蓝色碳汇发展的实际需求,根据国家有关政策要求,组织开发生产实践中确实

---

① 据前文,中国七试点省市有关碳排放权交易地方性法律文件对抵消比例分别作了规定,但并不统一,分别为:天津、广东、湖北、深圳均为10%;北京规定的抵消比例为5%;上海和重庆为"一定比例"。

需要的新的海岸带碳汇项目方法学,为开发新海岸带碳汇项目提供方法指南和标准依据。

(二) 上海探索蓝色碳汇交易的地方立法

上海也可进行先行先试的地方立法。根据《中华人民共和国立法法》(2023 年修正)第八十一条的规定,我国省级和设区的市级人大及常委会和地方政府可以在"不同上位法相抵触"的前提下,"可以对城乡建设与管理、生态文明建设、历史文化保护、基层治理等方面的事项",制定地方性法规。同时,《中华人民共和国立法法》第八十二条对地方性法规的立法事项做出具体规定:一是执行上位法的规定;二是属于地方性事务;三是地方可先行先试那些中央暂时存在立法空白的立法事项。除此之外,《中华人民共和国立法法》第九十三条也对地方政府在颁行政府规章的权限方面进行了规定。据此,上海市不仅可以根据本市环境经济的发展状况运用地方立法权限细化国家环境法律法规,还可以创新国家环境法律法规和环境管理制度,适时推出新的地方性环保法规制度和措施。

上海作为国内较大的沿海城市,其在地理位置上拥有更多的海岸带蓝色碳汇资源,理应具有先行先试的立法空间,可以在国家层面对于海岸带蓝色碳汇相关法律法规还未出台的情况下,率先出台适合其自身区域海岸带蓝色碳汇市场建设的地方性法规或规章制度,以此作为"建立市场化、多元化生态保护补偿机制"的法律路径创新(李丽红和杨博文,2016)。以森林碳汇资源的开发为例,其地方立法主要集中于我国的中西部地区,而引申至海岸带蓝色碳汇资源,其保护与开发也同样存在类似森林碳汇资源开发的区域特性。譬如,一些域外国家的地方政府提出了有关建设海洋碳汇市场的规划方案。在这其中,最有代表性的当属美国佐治亚州,其在2015 年提出了"海洋碳汇市场交易计划",旨在保育沿海红树林(赵雪雁和徐中民,2009)。

上海也可以借鉴美国佐治亚州的成功经验分步骤进行地方性立法。首先,明确将包括红树林、海藻床、盐沼等海岸带生态系统产生的海岸带蓝色碳汇纳入碳抵消项目注册系统,并明确其法律属性和法律地位。其次,出台适合上海本地的红树林、海草床、盐沼等生态系统的蓝色碳汇相关核算标准,并且通过地方性法规赋予其法律效力,按照相关方法学标准来实施CCER 的签发。再次,明确各方的权利和责任。包括政府审批和地方监管、以及海岸带蓝色碳汇交易的购买方和销售方的权利义务。其中,政府机构逐步从单一的自然生态执法机构,转变为市场化补偿体系的监督机构,但不干预或影响具体的市场交易行为。最后,明确规定海岸带蓝色碳汇市场项目收益的使用途径及其分成。并且设立永久性基金或留本基金,为海岸带蓝色碳汇交易的长期维护和管理提供资金保障。同时,还可以规定,在本市的碳汇信用额,可以供排放企业抵扣其当年应缴纳的温室气体排放税(潘晓滨,2018)。

第三节　推进上海建立生态保护补偿之绿色金融保障机制

2021 年 9 月 13 日,中共中央办公厅、国务院办公厅印发《关于深化生态保护补偿制度改革的意见》①,提出拓展市场化融资渠道,扩大绿色金融试点范围,把生态保护补偿融资机制与模式创新作为重要试点内容。该《意见》中提出的这一系列绿色金融手段,实际上是将各类绿色金融政策工具纳入了生态保护补偿的范畴,丰富了市场化生态保护补偿的途径和

---

① 《关于深化生态保护补偿制度改革的意见》提出,"拓展市场化融资渠道。研究发展基于水权、排污权、碳排放权等各类资源环境权益的融资工具,建立绿色股票指数,发展碳排放权期货交易。扩大绿色金融改革创新试验区试点范围,把生态保护补偿融资机制与模式创新作为重要试点内容"。

方法。

新公布的《生态保护补偿条例》,明确规定了生态保护补偿的绿色金融体系。①对于金融机构而言,绿色金融在促进生态保护补偿方面扮演着至关重要的角色。金融机构与生态保护补偿机制间的深度融合与合作,不仅是金融机构适应绿色发展趋势、响应国家政策号召的必然选择,也是实现经济效益与生态效益双赢的重要途径。该《条例》为市场化资金投入生态保护指明了方向。一方面,金融机构可引入绿色金融工具如绿色债券、绿色信贷等,为生态保护项目提供资金支持;另一方面,金融机构可研发绿色金融产品和设立机构,引导资金流向生态友好的产业和项目,将生态保护的效益融入生态产品价值,并提供风险管理和保险服务,增加投资者的信心和参与度,推动生态保护补偿的实施。基于此,通过不断创新和优化绿色金融服务,金融机构能够在推动我国生态文明建设和绿色转型中发挥重要作用。

上海作为国内最大的金融中心,在绿色信贷创新、绿色债券信用管理、绿色基金升级、绿色保险指数分类以及碳交易市场活跃度等方面成果显著,为地方绿色金融体系的建设提供了有益经验。但同时,上海绿色金融发展在各专项领域的完善以及绿色金融保障机制方面仍有很大潜力亟待激发和释放。为全面促进绿色金融高质量服务于上海绿色经济发展,上海应根据时代发展和要求,将绿色金融纳入上海国际金融中心建设行动战略与规划,不断完善绿色金融顶层设计,健全绿色金融法规政策体系,彻底释放绿色金融发展潜力,为全面促进绿色金融高质量服务于上海绿色经济发展和美丽生态之城建设提供有力保障(鲁政委和方琦,2020)。

一、生态保护补偿绿色金融保障机制的理论基础

绿色金融作为一种重要的市场化生态保护补偿途径,习近平生态文明

---

① 《生态保护补偿条例》第二十七条规定,国家完善与生态保护补偿相配套的财政、金融等政策措施,发挥财政税收政策调节功能,完善绿色金融体系。

思想中的"两山"理论为其提供重要指引。"两山"理论（"绿水青山就是金山银山"）是习近平生态文明思想中的重要组成部分，指引中国经济社会绿色变革，指导绿色金融循环迭代。其中，践行"两山"理论的关键是打通"绿水青山"向"金山银山"的转化通道（马中等，2018）。绿色金融能有效动员和激励更多社会资本投入绿色产业（秦昌波等，2018），推动培育和形成新的经济增长点，也为生态环境保护投融资和供给侧结构性改革注入新的活力，是破解"绿水青山"向"金山银山"转化资金难题的有效措施，是打通"两山"转化通道的关键政策机制（程翠云等，2020）。

首先，"两山"理论阐明生态环境作为自然资本具有直接经济价值和社会价值，为生态环境资产纳入金融资产范畴，以及发展生态环境产权交易等绿色金融产品提供理论依据。其次，"两山"理论强调生态环境保护优先，要求金融市场和金融机构在盈利驱动下综合考虑环境因素，防止过度生态环境利用，为绿色信贷、环境风险管理等绿色金融实践提供方向。再次，"两山理论"提出依靠生态环境和节约资源的发展理念，要求金融资金更多流向生态友好型产业，限制对高污染高排放行业的融资，引导产业结构向生态优质方向转变，为绿色项目投融资、绿色债券发行等绿色金融产品设计提供指导。最后，"两山"理论倡导构建大保护格局，要求金融体系应与生态保护体系对接，金融资源应优先用于生态环境保护基础设施建设、防治生态环境污染、生物多样性保护等方面，为绿色基础设施项目投融资、绿色公益金融等提供重要支撑。

因此，"两山"理论推动金融资源优先流向绿色发展，实现金融与生态文明建设中市场化生态保护补偿的深度融合，为绿色金融产品设计和实践提供重要理论指引。

绿色金融理论的发展受到中西方文化和经济学理论的多重影响，主要包括中国古代金融思想与绿色发展观、马克思政治经济学金融理论、西方经济学外部性与效用价值理论、西方金融学货币与银行金融理论。

（一）中国古代金融思想与绿色发展观

中国古代金融思想凸显出重视节俭与勤劳、货币发行权、信贷支持、民营金融、利率市场化、储蓄投资和风险防范等特征。这些思想为中国古代金融活动发展提供了理论基础，也与当代金融理论在许多方面产生共鸣，体现出中国古代在金融理论与实践方面的重要智慧。例如，早在先秦时期，先贤管仲在《管子·国蓄》中首次阐述了货币数量论，"凡轻重之大利，以重射轻，以贱泄平。万物之满虚随时，准平而不变，人君知其然，故守之以准平"。北宋周行己认为纸币发行必须要有三分之二的准备金，"是以岁出交子公据，常以二分之实，可为三分之用"。沈括提出货币流通速度论，"十室之邑，有钱十万，而聚于一人之家，虽百岁，故十万也。贸而迁之，使人享十万之利，遍于十室，则利百万矣。迁而不已，钱不可胜计"（李秀辉等，2018）。中国传统货币金融思想虽然未能汇流到现代金融学发展的主流，但对于中国金融学的发展具有无可替代的基础性作用（张杰，2020）。同时，中国古代金融理念为我国现代金融学提供了丰厚的历史积淀（蔡卫星等，2021）。

此外，绿色金融理论中的绿色发展思想，也继承了中国传统文化中的生态思想。例如，"天人合一""仁爱万物"追求人与自然的和谐状态；"道法自然""自然无为"体现人类应当敬畏自然，不能肆意妄为、与自然对立；"中道缘起"倡导一种敬畏生命、善待万物的思想和理念。"仁爱万物"的伦理观将伦理行为推广到所有生命和非生命形态，把尊重、保护自然纳入道德层面并提升至博爱仁义的高度（洪卫，2021）。以上生态智慧为中国绿色金融理论的发展奠定了重要思想基础。

（二）马克思政治经济学金融货币理论

马克思的理论体系包含了丰富的金融理论，其中包括货币功能、银行信用和信用经济等经济社会效应，银行体系形成的经济社会条件、银行体系运行机理和银行经营运作的经济社会效应等，以上金融理论对深化绿色金融理论认知具有重要指导意义。马克思政治经济学提出，金融内生于实体经济，服务于实体经济。马克思从理论逻辑与历史逻辑的一致性出发，充分论证了金融体系和信用机制发源于产业资本循环运动的内在要求。随着经济金融发展，一些信用功能和金融活动由专业化金融机构独立运作，提高了金融服务实体经济的程度，但并未否定产业资本运行中由商业交易引致的各种金融活动（王国刚和罗煜，2022）。

绿色金融致力于服务实体经济的可持续发展，绿色金融体系和机制也发源于实体经济中的资本循环运动。例如，金融机构通过信贷、债券、保险等金融机制向实体经济部门的绿色低碳、可持续发展提供了大量资金，推进其生产方式绿色转型。即，金融是否绿色，主要取决于其流向和支持的实体经济是否绿色，也取决于在实体经济资源配置中起核心调配作用的资本是否绿色。马克思的剩余价值理论指出，对资本而言，重要的是剩余价值率。因此，如果非绿色实体经济的利润高于绿色实体经济，那么市场竞争机制下的生产发展就很难偏向绿色。即，绿色金融应当通过控制资金流向的方式，提高绿色产业利润率，进而使非绿色产业在市场竞争中失去资金融通优势。因此，马克思政治经济学金融理论为中国绿色金融理论的丰富和拓展奠定了重要理论基础。

（三）西方经济学外部性与效用价值论

从环境经济学角度看，绿色金融通过一系列金融服务投资于环境友好型企业和项目，促进资源节约和污染减排，创造环境效益。而这些环境效益溢出到社会和经济领域，成为正外部性，产生市场失灵，需要制定政策并将其外部性内化，进而引导更多资金流入绿色金融。马歇尔的外部性理论认为，公共产品的供给难以依靠市场机制来提供，政府需要发挥供给作用。外部性是一种时空概念，既分析代内外部性，考察当期的资源配置是否合理，也分析代际外部性，从可持续发展的角度要求资源的配置不仅考虑当代的需求，还要着力消除当代对后代的不利影响（魏丽莉和杨颖，2022）。例如，环境污染行为就是一种典型的负外部性行为,无论是工业有害气体的排放还是未经脱硫处理的化石燃料的燃烧,都将引发他人乃至公共利益的损失。如果缺乏有效监管和治理措施、财政激励和明晰的产权制度保障,将造成个体污染成本低、社会经济成本极高的负外部性行为。以绿色信贷为例,对于曾有过污染行为的企业而言,由于面临更高的环境风险,信贷业务主办行在风险评估过程中将采取相应措施上浮其贷款利益,导致其融资成本增加;而那些完全不能满足环评的项目,基本难以获得信贷资金的支持。因此,针对环境污染行为所产生的负外部性影响,可以借助绿色金融手段加以纠正(蓝虹,2021)。

西方经济学效用价值论,认为价格和价值完全取决于个人从商品(物品)中获得的"使用"程度。物品具有使用价值则有两方面决定,一是给使用者带来一般效用和边际效应,二是物品本身是否具有稀缺性以及其稀缺程度。经济高速发展、消费需求不断提高均以从自然界不断攫取资源甚至破坏生态为前提,导致人类赖以生存的生态环境遭到破坏、自然资源日益减少,进而具有稀缺性。稀缺性决定生态资源具有使用价值和价值,人类对其利用和消耗应充分考虑生态产品的价值成本。无论是由于人类生存对自然资源和生态环境本身所必须的客观需求,还是对生态产品所带来的娱乐、享受等精神满足方面的主观需求,都需要考虑环境资源到生态产品价值实现所需要的成本。一般而言,自然资源丰富的地区更容易由于过度开发,其生态环境受到严重破坏,进而出现"资源诅咒"效应。因此,需要将稀缺性资源打造成有经济价值的生态产品,并通过对绿色产品和生态服务价值的界定,促进生态产品价值的实现。绿色金融体系可以通过建立排放权的市场化交易机制,完成排放权归属的确定、排放权配额的确定和分配、排放权总量的限制和排放权交易市场的建立。在此市场中,获得配额之外的排污权需要支付相应的成本,于是排污权被贴上了价格标签,这也是一种重要的生态产品价值实现机制。

（四）西方金融学银行与货币金融理论

西方金融学银行理论，主要阐明商业银行的本质属性、功能定位和运作机制。如货币中间理论认为银行通过存款和发放贷款实现货币资金的中间调节（Festré et al.，2009）、资产变换理论强调银行通过资产变换满足不同期限和风险的资金需求（Carabelli et al.，2014）、银行创造货币理论分析银行通过放贷创造货币的机制（Hawtrey，1922）。西方银行理论为绿色金融发展提供了重要理论基础，它要求银行发挥货币中间人和金融中间人作用，通过资产变换满足绿色产业的长期融资需求，银行货币创造机理可以为绿色产业和创新提供资金支持，银行体系需要防止环境风险传导，以体现社会属性。这些理论分析为绿色银行业务、绿色信贷、绿色债券、绿色创新等提供解释，要求银行在盈利的同时兼顾生态环境保护责任，实现经济发展与生态文明的协调。西方货币金融理论围绕货币与通货膨胀、货币政策与经济之间的关系进行了广泛而深入的探讨。从货币数量理论到凯恩斯理论，再到新古典理论和新凯恩斯理论的发展，经过不断修正和创新，形成了相对完善的货币金融理论框架（见表 4.2），为宏观调控政策和金融监管提供理论指导。

后凯恩斯时代的货币金融理论主要包括新兴结构主义理论、金融不稳定性理论、信息经济学理论、行为金融学理论、复杂性经济学理论等。其中，复杂性经济学借助于非线性动力学模拟等方法，研究宏观经济系统的复杂运行机制和演化路径。代表人物有阿瑟·布莱恩·韦伯等，为研究宏观经济动态过程和政策效果提供新视角与新方法。另外，后凯恩斯主义从内生货币到内生金融理论的发展，丰富了对货币金融本质和规律的认识，为中国特色金融理论发展提供了参考和借鉴（袁辉，2021）。总之，西方金融学货币金融理论为绿色金融理论提供了货币发行控制、政策工具选择、金融市场运行、政策传导机制与风险管理等方面的重要理论基础，有助于丰富和发展中国特色绿色金融理论，以形成更加完备的理论框架。

表 4.2 西方货币金融理论发展阶段

理论阶段	时间	主要内容	进步	局限性	代表人物
古典政治经济学阶段	17—18世纪	初步探讨货币、贸易与经济增长关系。	对后世货币金融理论发展产生重要影响。	无法形成系统和完备的理论框架。	斯密、李嘉图、李约瑟等。
货币数量理论阶段	19世纪初	货币数量变化致物价水平变化：即,货币数量变动→每个货币单位购买力变动→价格水平变动。	通货膨胀、货币理论的起源,提出货币数量决定定物价水平。	机制简单粗糙,实证效果较差。	大卫·休谟①、欧文·费雪②等。
凯恩斯学派阶段	20世纪30年代	货币供给并不直接决定物价、货币政策可影响需求和经济活动,强调货币政策在宏观调控中的作用。	弥补了古典经济学理论的不足,为维持充分就业和稳定经济增长提供理论基础。	面临理性预期滞后的挑战,忽视货币政策对通货膨胀的影响,理论应用存在条件限制。	凯恩斯等。
新古典学派阶段	20世纪50—60年代	挑战凯恩斯学派,认为政府干预扭曲市场信号。	为控制通货膨胀提供较为简单清晰的理论支撑和政策规则。	忽略货币需求变化和经济主体预期对通货膨胀的影响。	米尔顿·弗里德曼③、罗伯特·卢卡斯等。
新凯恩斯主义阶段	20世纪70年代	影响货币政策实践,要求政策制定考虑预期管理框架。	将理性预期理论融入凯恩斯学派,形成相对完备的理论。	忽略了经济主体的"动物精神",有待理论修正。	如德罗西·蒙代尔等。
后凯恩斯时代	21世纪	信息经济学、行为经济学等新兴交叉学科对传统理论提出挑战与补充。	宏观金融理论向微观基础及交叉学科拓展,理论工具更复杂和丰富。	对发展中国家而言仍有不足,还需进一步丰富和拓展。	

资料来源:吴晓求,许荣:《金融理论的发展及其演变》,《中国人民大学学报》2014年第4期。

① David Hume, *Political Discourses: by David Hume Esq*, R. Fleming, For A. Kincaid and A. Donaldson, 1752. 休谟在该文集中首次系统阐述了货币数量决定物价水平的理论观点,为货币数量理论的形成奠定了基础。

② Irving Fisher, *The Purchasing Power of Money*, 1911. 费雪在这本书中进一步发展了货币数量理论。

③ Milton Friedman, *A Monetary History of the United States*, 1963. 弗里德曼在这本书中系统检验货币数量理论,证明发现理论在解释美国通货膨胀变化方面效果不尽人意,对货币数量理论提出重要质疑。

二、绿色金融支持市场化生态保护补偿实现的作用机制

作为推动市场化生态保护补偿实现的重要举措,绿色金融可有效引导资金流向资源节约和环保型产业,推进生态保护补偿市场化发展,拓展生态产品价值实现模式(Su et al.,2019;Ding,2019)。同时,丰富的绿色金融产品、严格的绿色金融监管、完善的绿色金融政策法规、智能的绿色金融科技等促使上海"双碳"目标的加速实现(李海棠,2021)。

（一）绿色金融产品支撑市场化生态保护补偿发展融资需求

绿色金融的核心是金融机构借助成熟的金融产品,向绿色低碳、资源高效、经济可持续发展的企业提供多元资金支持(Wang and Qiang,2016)。绿色金融产品包括但不限于绿色信贷、绿色债券、绿色保险、绿色基金及碳金融等品种(Lv C et al.,2021;王遥等,2021)。种类多样的绿色金融产品,有利于资金更好地流入绿色低碳产业,达到环境与社会资源的最优配置。

绿色信贷作为主要的绿色金融工具之一,通过加强监管和提升绿色再贷款激励等措施促使金融机构资金流向绿色低碳产业,激励其降低能耗、节约资源(Kerr,2020)。根据同花顺数据库,截至2021年9月,我国绿色信贷余额达14.78万亿元,同比增长27.9％,位居世界第一(见图4.2)。绿色债券是在普通债券功能的基础上纳入绿色效益因素,以推动募集资金最终投向符合规定条件的绿色项目。2021年4月发布的《绿色债券支持项目目录(2021年版)》在统一绿色标准、提供项目指引、与国际接轨等方面都有重要意义。截至2021年9月,我国绿色债券存量规模超过1万亿元,位居世界第二。绿色基金以有效集合社会分散资金、通过市场化运作进入环保领域,利用民间力量促进低碳发展。自2010年我国发行第一只绿色基金以来,其规模不但扩大。根据Wind数据库,截至2020年末,我国绿色基金累计发行908只(见图4.3)。绿色保险是实现双碳目标过程中提高风险管理的重要工具。我国绿色保险涉及清洁能源、城市轨道交通、污水处理等领域,截至

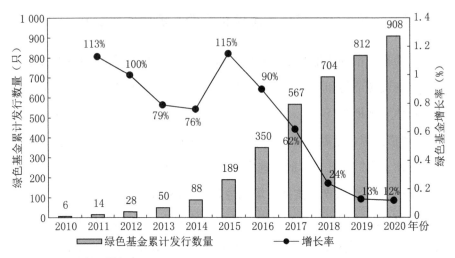

资料来源:同花顺数据库。

图 4.2 我国绿色信贷余额及同比增长

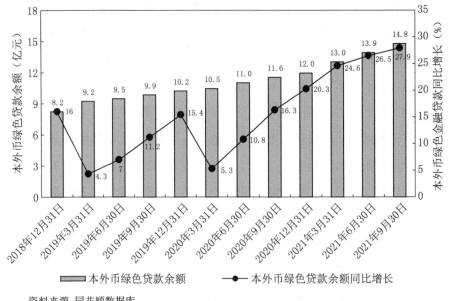

资料来源:同花顺数据库。

图 4.3 绿色基金累计发行数量及增长率

2020 年末,我国保险行业提供的绿色保险保额达到 18.3 万亿元,绿色保险投资余额达 5 615 亿元(KPMG,2021)。碳交易作为一种极具成本效益的碳定价政策工具,可通过碳配额、CER、碳债券、碳基金、碳抵押、碳掉期等衍生品交易为主的"碳金融",助力企业减排,并推动双碳目标实现(杨磊,2018;World Bank,2021)。根据 Wind 数据库,截至 2021 年 8 月底,全国各大碳市场配额交易累计总成交量为 36 976 万吨,累计总成交额为 85.65 亿元。2021 年 7 月 16 日,全国碳排放权交易市场在上海环境能源交易所正式启动。截至 2021 年 11 月 16 日,全国碳市场碳排放配额(CEA)累计成交量 2 703.01 万吨,累计成交额 11.93 亿元。碳配额现货交易量是同期欧盟碳市场的 4 倍、韩国碳市场的 18 倍,位于全球碳市场首位(宋薇萍等,2021)。

尽管目前我国绿色金融发展成就显著,但是通过市场化生态保护补偿推动"碳中和"目标实现,仍有很大资金缺口。根据多家机构测算,中国 2060 年实现碳中和所需资金超过百万亿元人民币(马骏,2021;潘家华,2021)。因此,亟需绿色金融提供更多支持。

（二）绿色金融监管为市场化生态保护补偿提供良好金融环境

推进市场化生态保护补偿目标的进程本身存在一定风险和不确定性,需要严格的绿色金融监管框架提供稳定、良好的资金支持和金融环境。市场化生态保护补偿目标的实现,归根结底是通过购买生态产品和服务等方式,拓展生态产品价值实现。进而激励和推动以工业为主的实体产业进行节能减排、实现绿色高质量发展。企业在落实碳减排任务时,会遇到各种信用风险和碳市场的运行风险。例如,在绿色项目申请前期,容易出现通过伪造绿色项目数据、隐瞒环境污染责任、虚构财务报表形成的"伪绿"企业和项目。这种信息不对称,加大了银行业等金融机构的信贷风险。另外,绿色债券等绿色金融的筹资用途不清晰,导致更多不具有绿色属性的债券通过"洗绿"行为进入绿色债券市场,背离绿色债券市场发展初衷。此外,在碳交易市场中,也存在操纵市场和内幕交易等市场滥用的风险问题。

绿色金融发展依赖稳健的监管框架,有效的绿色金融监管制度将避免信息不对称及可能存在的信用风险。例如,可通过央行对货币、信贷和金融体系的监管,降低金融风险,以支持绿色金融发展。国际层面,各国央行就绿色金融采取集体行动,以阻止银行向气候不友好企业提供贷款(Christina,2021)。各国央行还定期从多方面检查和评估商业银行,以确保其安全运行。例如,由于加拿大和澳大利亚某些地区的高排放,瑞典央行抛售了其政府债券。国内层面,由中国人民银行、中国银行保险监督监管委员会及国家发展和改革委员会等部门组成中国金融监管机构,积极应对环境风险,从不同角度、以不同步伐进行监督和协调,共同促进绿色金融和可持续发展战略的制定与实施。此外,国内银行业监管机构和国际银行业监管组织,从绿色金融统计与评估、绿色金融标准制定、气候风险压力测试等方面对绿色金融监管做出明确规定(见表4.3),力争为全球"碳中和"提供资金领域的风险管控。

表4.3　国内外绿色金融监管措施对比

	国内银行业监管机构	国际银行业监管组织
绿色金融统计评估	2012年,中国银保监会使用绿色信用统计表,收集与环境保护和循环经济活动相关的贷款数据以及银行贷款的环境和社会风险;2020年,中国人民银行建立绿色统计系统,收集24家中国主要银行的绿色贷款数据。	2017年,中国人民银行参与发起成立金融体系绿化网络(NGFS),纳入微观审慎监管和宏观金融评估;2020年,巴塞尔银行监管委员会(BCBS)制定一系列与气候变化有关的金融风险倡议,对委员会成员的监管进行评估。
绿色金融标准制定	2015年,中国人民银行发布第一部《绿色债券认可项目目录》及绿色债券发行管理法规;2019年,发改委发布《绿色产业指导目录》,阐明绿色产业范围;2021年,中国人民银行、发改委和证监会共同发布修订版《绿色债券支持项目目录》,将煤炭等化石能源清洁利用项目删除。	2019年,中国人民银行与欧投行共同发起成立国际可持续金融平台(IPSF),重点推动全球绿色金融标准趋同等;2020年,欧盟发布《欧洲可持续分类法》,为可持续经济活动建立欧盟分类体系;2021年,启动欧盟可持续金融行动计划,将环境、社会和公司治理(ESG)纳入欧洲金融体系。

国内银行业监管机构	国际银行业监管组织
气候风险压力测试	2020年,《中国银行"十四五"绿色金融规划》提出,在2021年底前完成对部分棕色行业信贷资产的气候风险压力测试,在"十四五"期间完成对主要棕色行业的气候风险压力测试。	2021年,欧洲央行对欧元体系部分银行进行气候压力测试,并宣布将在2022年上半年对欧元体系银行的准备工作及气候压力测试进行全面审查。

资料来源:作者自制。

(三) 绿色金融政策助力市场化生态保护补偿制度体系完善

绿色金融旨在促进资本融资的环境效应,协助政府推动经济转型和产业结构调整。其中,政府政策支持是推动绿色金融发展,实现市场化生态保护补的重要力量。绿色金融相关政策包括两方面。一是现有金融工具改革创新,探索绿色融资的可行途径。例如,欧洲的"地方联合融资机制"(SPFM),便是绿色金融的一大创新。该机制将成员的财务需求汇总到一个集合融资机构(PFA)中,然后发行债券并将收益分配给其成员以满足地方融资需求。大多数SPFM需要依法建立一个具有透明治理结构和流程的特殊载体(SPV),通过准备金账户、政府间金融转移和拦截、部分信用担保、首次损失补贴等实现信用增级(Nassiry, 2018)。二是现有财政收入管理和分配政策改革,即财政资金使用的效率和方向。相关主体可以发行资产证券化产品等金融衍生品,改变项目期限结构,通过改善绿色金融市场活动,直接提高相关投资的流动性和效率,而政策保障不可或缺。中国政府一直高度重视绿色金融相关政策的制定与完善,并为"双碳"目标的实现提供制度保障(见表4.4)。

表4.4　中国发布有关绿色金融领域的重要政策文件梳理

时　间	政策文件	主要内容
2015年4月	《关于加快推进生态文明建设的意见》	提出"健全价格、财税、金融等政策"。

续 表

时 间	政策文件	主要内容
2015 年 9 月	《生态文明体制改革总体方案》	从国家战略角度提出"建立绿色金融体系"。
2016 年 8 月	《关于构建绿色金融体系的指导意见》	纲领性文件,对绿色金融体系做出总体规划。
2020 年 10 月	《促进应对气候变化投融资的指导意见》	纳入绿色基金 PPP 模式、规定强制信息披露机制,以更好助推绿色低碳发展。
2021 年 2 月	《关于加快建立健全绿色低碳循环发展经济体系的指导意见》	推动国际绿色金融标准趋同,有序推进绿色金融市场双向开放。
2021 年 10 月	《中国应对气候变化的政策与行动》白皮书	加强绿色金融顶层设计,出台气候投融资综合配套政策,统筹推进气候投融资标准体系建设。

资料来源:作者自制。

此外,担保贴息也是促进绿色金融发展的重要政策之一。与直接补贴相比,担保贴息能以更少的财政投入带动和吸引更多社会资本进入绿色环保项目。2021 年 11 月 8 日,中国人民银行推出碳减排支持工具,即商业银行向企业发放碳减排贷款后,可向中国人民银行申请再贷款,利率为 1.75％。中国人民银行通过这种"先贷后借"并获得较低利率的"贴息"机制,激励金融机构投入更多资金转向绿色、低碳领域。

(四) 绿色金融科技为市场化生态保护补偿提供技术支持

市场化生态保护补偿需要金融与科技的双重保障。绿色金融科技,蕴含巨大技术创新活力,为绿色金融和金融科技的深度融合与快速发展带来历史性机遇。绿色金融科技,也称"新的金融技术",如区块链、物联网和大数据等,可在《巴黎协议》框架内为中小企业解锁绿色融资,具体应用场景包括可持续发展的区块链应用,可再生能源、分散电力市场、碳信贷和气候金融的区块链案例,以及金融工具的创新等。绿色金融科技在推动市场化生态保护补偿以及未来碳达峰、碳中和的进程中作用显著。

首先,绿色金融科技有利于推动现有经济模式转型和创新。区块链等新技术的创新有可能加速资本流向更可持续的经济技术,以及绿色债券等满足投资者可持续投资风险回报要求的金融工具,将有助于实现全球碳减排政策目标(Nassiry,2018)。例如,可以通过智能制造和其他绿色管理流程促进清洁生产,加速中国向新的绿色金融体系转型。其次,金融科技有利于推动绿色金融产品和服务创新,提高绿色金融效率。例如,可以利用大数据、区块链等主要数字化和信息化技术,研发 ESG 风险识别与定价的绿色金融科技产品和服务。同时,还可以扩大金融机构的服务边界、改进服务方式,在提高金融效率、降低风险的同时,为金融相关领域各行业注入巨大动力。例如,"蚂蚁森林"是金融科技平台如何鼓励消费者积极参与绿色金融项目的典范。最后,金融科技可以解决信息不对称问题。对于绿色金融数据,可运用人工智能和大数据进行实时监测和分析,或者运用区块链技术去中心化、可溯源、不可篡改的特征,对资金进行高效管理。人工智能也被用来帮助提高碳信用市场的透明度。例如,S&P Global Platts 正在开发一系列人工智能驱动的碳指数,以提高碳信用带来的协同效益的透明度,让市场参与者更好地了解其碳交易市场价值。

三、上海绿色金融法规政策现状及存在问题

近年来,上海国际金融中心建设加速推进,在全球金融中心指数排名中位居前列,上海绿色金融各领域发展也取得了一定成绩,为碳达峰、碳中和目标实现奠定了坚实基础。

(一)上海绿色金融法规政策耙梳

上海国际金融中心必然是国际绿色金融中心,中国已经明确向世界宣布了"双碳"目标。包括上海在内的许多地方政府都已制定明确的路线图。为实现这个目标,需要金融配置资源方式的转变、绿色金融产品的创设、金融机构的风险定价模型与监管方式的更新、绿色金融标准的厘定、绿色项目

库的动态调整,包括全球绿色金融资源的引入都需要在法律制度上进行明确,防止出现"洗绿""漂绿"等无序现象。在此背景下,上海出台了多项绿色金融政策文件,包括:《上海加快打造国际绿色金融枢纽服务碳达峰碳中和目标的实施意见》(2021 年 10 月)、《上海市碳普惠体系建设工作方案》(2022 年 11 月)、《上海银行业保险业"十四五"期间推动绿色金融发展服务碳达峰碳中和战略的行动方案》(2023 年 1 月)等。

此外,上海还制定了地方性法规《上海市浦东新区绿色金融发展若干规定》,在上海建设成为国际绿色金融枢纽与国际金融中心加快建设的大背景下,该法规的出台,为浦东新区乃至上海的高质量发展、产业转型赋予新的内涵、路径与方法。一方面,随着全球气候变化,低碳发展成为负责任经济体的普遍共识,上海这样的国际金融中心城市,其金融服务业的增长方式,服务实体经济,促进产业转型都需要有新的理念支撑、制度保障与权责界分。所以,总结中国既有的发展经验、案例,吸取国际经验,并上升为法规,具有重要意义。另外,上海此次法规的出台,也会起到引领长三角绿色金融一体化工作,为上海争取列为全国绿色金融改革示范区发挥作用,该法规还为中国绿色金融的法治化探索积累经验,并具有某种程度上的引领作用。

(二) 上海绿色金融地方性法规存在的问题

《上海市浦东新区绿色金融发展若干规定》是一部积极发挥中央授予的浦东法治引领区功能的一部有前瞻性、务实性的积极作为的立法活动,意义深远,但存在一些问题有待改进。

1. ESG 信息披露的问题

《上海市浦东新区绿色金融发展若干规定》里有 19 条涉及绿色金融产品与绿色创新,披露条例只针对实体企业、项目和金融机构,并未针对金融产品。但金融产品的信息披露必须通过不同于以上任何披露条例的方式来要求,而复合式绿色金融产品的披露要求也不同于单纯式绿色金融产品。

该法规提出的金融产品有单纯式的，也有复合式的，前者有一部分（如绿色债券、转型债券等）已由国家金融监管机构建立信披要求，后者则迄今未见任何信息披露要求出台。因此，对于所鼓励的绿色 ESG 基金、气候指数等产品，当对应的信息披露上位法不存在而该法规也未建立相应的约束要求时，这里的疏漏可能产生监管问题。

2. 绿色金融科技及数据共享的问题

《上海市浦东新区绿色金融发展若干规定》第 30 条规定，浦东新区人民政府应当依托市大数据资源平台建立绿色金融数据服务专题库，探索金融数据与公共数据的交互融合，与智慧能源双碳云平台、产业绿贷综合性融资服务平台等建立数据对接机制，依法推进信息的归集、整合、查询、共享。该条虽然规定了绿色金融技术与数据资源的共享机制，但是对于权利义务体系和风险责任承担机制缺乏进一步的明确规范，难以为金融科技更好地服务于绿色金融提供法治保障。同时，由于各部门碳排放统计核算标准与口径的不一致，碳排放相关信息分散于不同部门，其中项目环境影响评价、企业环境权益资产、碳排放等相关信息分别掌握在发展改革、生态环境和统计等不同部门，加之碳排放信息平台共享机制的不完善，导致金融机构与企业之间存在信息差。

3. 转型金融及其与绿色金融的衔接问题

转型金融是指通过金融手段支持高碳行业向低碳、零碳转型，以促进产业结构升级和绿色转型的一种新兴金融模式。《上海市浦东新区绿色金融发展若干规定》虽对转型金融进行了原则性规定，但仍有待进一步完善。

一是转型金融发展规制措施有待完善。《上海市转型金融目录（试行）》共纳入了航空运输业等六大行业，并明确了该六大行业下所包含的具体细分行业，涵盖了上海本地的重点产业和特色产业，这些高碳产业的转型发展对上海绿色低碳转型具有重要意义。但是该《目录》仍有待通过更为具体的落地标准与实施细则，确保其执行的有效性和可操作性。

二是转型金融信息披露仍需加强。《上海市转型金融目录(试行)》的一大创新点在于提出了分级信息披露要求。根据披露内容完整度和可核实性,分为 I、II、III 三个披露等级。虽然该分级信息披露要求提升了转型金融的实操性,但是在披露内容、披露频次以及披露的强制性等方面仍有待加强。

三是转型金融激励机制有待完善。尽管《上海市浦东新区绿色金融发展若干规定》《上海银行业保险业"十四五"期间推动绿色金融发展服务碳达峰碳中和战略的行动方案》均已明确规定,有关部门应强化绿色金融业绩考核管理、建立绿色企业评价机制。但目前,仍缺乏微观层面的实施细则,监管机构、政府部门及金融机构内部也缺乏对转型金融的支持和激励。

四是公正转型保障机制亟待建立。转型金融只有在公正的情况下才能真正发挥作用,只有所有人在转型中都不掉队,转型金融才算实现了其应有的价值。公正转型不仅需要通过融资来减缓气候变化造成的不利影响,还需要通过融资来确保经济和社会有能力适应冲击,并得到恢复。因此,应在转型金融中嵌入公正转型理念,鼓励企业主动预见和减缓转型带来的风险,面对无法避免的风险,应采取积极措施将风险降至可接受限度。但是目前而言,上海对于高碳企业绿色转型的保障机制仍有待完善。

四、全面推进上海绿色金融发展的政策建议

推进上海绿色金融发展以为市场化生态保护补偿机制提供重要资金保障,是本书研究的重点领域之一。一是需要健全绿色信贷、绿色债券、绿色保险、绿色信托等绿色金融发展的各个领域,二是需要明确绿色金融标准、提供更多财政贴息的激励措施、完善金融科技等多方面的政策支持与配套机制。

(一) 全面推进绿色金融发展的各个领域

市场化生态补偿亟需市场化资金机制的支持和保障,绿色金融可以通

过绿色信贷、绿色证券、绿色基金、绿色保险以及环境权交易等的市场化工具为市场化、多元化生态补偿机制提供重要资金支持。

1. 健全绿色信贷信息披露制度

随着气候相关信息披露在世界范围内的迅速发展,越来越多的政府逐渐开始完善它们对气候相关信息披露监管的标准,其中最重要的是 ESG 信息披露。ESG 信息披露是指企业在其商业活动中积极考虑环境(environment)、社会(social)和治理(governance)等 ESG 因素,并将这些信息公开向投资者、消费者和其他利益相关者披露的过程。与此同时,ESG 信息披露则也成为各国企业需重点关注的方面,因为其不仅可以起到向外界传递企业管理方面的积极信息,也可以在 ESG 信息利用不当时向外界传递错误的或对自身不利的信息,引来诉讼赔偿或者市值下跌的风险。

例如,2023 年 6 月 26 日,国际可持续准则理事会(ISSB)正式发布首批两份国际财务报告可持续披露准则的终稿,包括《国际财务报告可持续披露准则第 1 号——可持续相关财务信息披露一般要求》《国际财务报告可持续披露准则第 2 号——气候相关披露》,标志着全球可持续披露迈入新纪元,一致、可比的全球可持续信息披露取得重大突破。ISSB 规则要求解释报告实体所采用的可持续性治理和风险管理战略,以及所使用的衡量标准和目标,其风险被分为"急性"和"慢性"两类,特别是在气候风险报告方面。在制定与气候有关的风险和机会披露框架方面,欧美和 ISSB 的立场越来越一致,这种一致性对于发展全球报告要求的一致性非常重要,也能提高气候和 ESG 相关数据的整体质量。

又如,欧盟可持续信息披露条例。非金融和金融公司的强制披露制度,为投资者提供信息以做出明智的可持续投资决策。披露要求包括公司活动对环境和社会的影响,以及公司因其可持续性暴露("双重重要性"概念)而面临的业务和财务风险。欧盟可持续信息披露制度主要规定在《可持续金融信息披露条例》和《非财务报告指令》中(见表 4.5)。

表 4.5　欧盟针对金融和非金融公司的可持续性披露制度

法案	企业可持续发展报告 指令(CSRD)提案	可持续金融披露 条例(SFDR)	分类法第 15 条
范围	所有欧盟大公司和所有上市公司(上市微型企业除外)。	提供投资产品的金融市场参与者和财务顾问。	金融市场参与者;所有受 CSRD 约束的公司。
披露	根据正式报告标准报告并接受外部审计。	实体和产品层面关于可持续性风险和主要不利影响的披露。	报告年度与 Taxonomy 相关的产品或活动的营业额、资本和运营支出。
地位	协商中;预计从 2023 年开始申请。	2021 年 3 月 10 日起适用。	从 2022 年 1 月起适用。

资料来源: California Climate Disclosure Bills (SB 253 and SB 261) Overview, Timeline & Summary Guide, Brightest, Jun. 15, 2023, https://www.brightest.io/california-sb-253-sb-261-climate-corporate-disclosure-act.

再如,美国气候信息披露法规。2024 年 3 月 6 日,美国证券交易委员会(SEC)通过了一项关于气候信息披露最终规则(以下简称"规则"或"最终规则"),要求申报人在其年度报告和注册表(包括首次公开募股书)中提供与气候相关的信息披露。规则旨在为投资者提供一致、可比、有用的决策信息,并为申报人提供明确的报告要求。相较于两年前的提案,规则在多个关键领域进行了调整。例如,上市公司无需披露范围 3 温室气体排放、放宽了财务报表披露要求、时间要求有所顺延等。同时,加利福尼亚州还通过推进自己的立法《气候企业责任法案》(CCAA)[①]向联邦政府施加压力,要求其采用气候信息披露要求,这将对任何加州公司和在加州开展业务的任何公司施加披露义务。

综合以上国际经验,上海绿色金融信息披露机制也应从以下方面予以完善。一是明确绿色信息披露的责任主体,可以参考美国《超级基金法案》,明确贷款人的环境法律责任,督促银行等贷款机构对借款人的环境法律责

---

① SB-260 Climate Corporate Accountability Act.

任以及可能的环境风险进行全面审核,规范环境污染潜在责任人制度。二是根据不同主体确定具体的绿色信息披露标准、披露内容与披露方法,制定详细的指标体系,拓宽绿色信息统计的深度与广度,提高绿色信息核心内容的强制性披露要求,为绿色信贷风险评估、信用评级等提供可靠依据。三是强化ESG信息披露。通过加强ESG数据库建设、明确ESG体系、强制实施信息披露的方式建立完善的关注企业环境、社会、治理绩效而非财务绩效的投资理念和企业评价标准。四是构建绿色信息披露主体间的协调机制,充分应用现代互联网技术建立综合性的绿色金融信息披露平台,加强绿色信贷相关参与方的信息沟通。五是加强绿色信息披露方面的国际合作,强化信息披露制度建设的技术支撑,防范绿色金融部门可能存在的风险。

2. 完善绿色债券评估认证制度

一是借助上海金融中心优势,培育专业能力高、国际影响力大的第三方绿色认证机构,这种机构可以出具独立的"绿色认证报告",有效评价项目绿色效益,吸引更多投资者进入市场。二是在有效认证基础上,拓展并引导绿色项目投向,比如绿色建筑产业,风、电、光伏等新能源产业,水环境治理等污染防治产业,新能源汽车等清洁交通产业,透视绿色债券发行后续的动力。三是进一步创新绿色债券的产品设计,通过金融创新降低投资绿色项目的风险,提高收益率,确保商业目标的实现,进而达到经济效益和环境效益的统一。四是进行绿色金融评估标准创新(马中等,2019)。采用定性和定量评估相结合的方法学,并引入国际通行的绿色金融评价标准。上海可以在绿色项目库建设、绿色债券甚至绿色金融评估标准构建等方面,打造具有上海特色的"绿色金融+区块链"金融综合服务平台,通过"区块链"对绿色资金使用全过程进行监督和审计,提高资金使用透明度,以确保绿色债券等绿色金融项目的资金确实流向绿色产业,杜绝"漂绿"现象。

3. 丰富绿色基金来源和类型

我国各级政府发起绿色发展基金成为新常态,上海作为国内最大的金融中心,理应成为领跑者。具体而言,一是鼓励设立上海绿色担保基金。二是保障社会投资者的收益,以吸引更多社会资本投入绿色基金。例如,可以鼓励民间组织、非政府机构设立绿色投资基金,在森林、湿地、海洋碳汇、流域水资源等领域重点推进,并开发能效贷款、排污权抵质押贷款等绿色金融产品,支持绿色消费,促进绿色金融的公众参与。三是在绿色基金 PPP 方面,应完善绿色基金监管制度、明确诉讼的适格主体以及法律责任承担方式,对环境社会风险提前研判并提供应对机制。因为绿色基金的运行宗旨应是实现具体的绿色发展目标,基金的资金来源若为社会资本,应考虑商业利益与公共利益的平衡,从环境目标与持续经营能力出发,加速推动绿色基金的机制创新。四是探索建立土壤污染防治基金制度。上海建立土壤污染防治基金可以借鉴欧美国家有关土壤保护与防治基金的成功经验。例如,美国的《超级基金法案》(李静云,2013)、德国的《联邦土壤保护法》(贾峰,2015)等均对基金的资金来源以及支出情况有非常详尽的规定。上海在设立土壤污染防治基金时,首先也应明确基金的资金来源(包括污染者付费、财政支持、环境保护税、社会资本等)和使用情形及范围(包括土壤污染监测、调查和评估、治理与修复以及宣传教育等),另外对于基金的运营、监督和权利救济机制也应明确规定。

4. 制定并实施绿色保险法规

2018 年生态环境部通过《环境污染强制责任保险管理办法》,在投保范围、保险责任、赔偿和罚则等方面都做了明确规定,虽然作为规范性文件,其法律位阶较低。但对于环境强制责任保险的推进,甚至绿色保险的发展而言,都不失为一次有益探索。作为一直在保险领域处于领先地位的上海,更应以此为契机,出台相关配套政策和实施细则,完善环境污染责任险法规和政策体系,并推动环境污染责任险的合法性和强制性发展。在环境污染强制责任保险尚未完全建立之际,上海可以在推行环责强制险的过程中,更加积极主动。

具体而言,上海应在以下方面有所加强。一是出台明确的指引和监督措施,通过采用税收减免和绿色信贷的方式,推动环境污染责任保险从自愿转向强制。二是建立市场化的环境责任保险制度,通过完善保险设计和条款、信息公开和技术支持提升保险公司服务、推动环境污染强制责任保险良性发展。三是建立环境污染责任保险的第三方参与机制,例如引进专业的第三方机构,对一些污染事件进行专业的检查、核算,从而保障保险公司和高风险企业的利益(吴琼和邵稚权,2020)。四是在地方性法规的修改完善中,对于饮用水水源保护、固体废弃物污染、危险化学品处置等重要领域的环境高风险企业,可以尝试规定环境污染责任强制保险制度。

5. 全面推进环境权交易市场

鼓励金融机构通过资产证券化盘活有效资产,探索开展排污权、水权、用能权以及环保设备融资租赁等交易市场,完善定价机制和交易机制,提高减排效率。一是推动碳资产抵押贷款业务。政府完善碳资产抵押运行机制、建立碳排放权抵押评估信息系统,制定评估争端解决机制;银行在合理控制风险的基础上,加大对碳资产信贷的扶持力度;企业应在保持良好信用的基础上,定期向投资人提供企业财务信息,确保财务状况公开透明。二是开发林业碳汇、海岸带湿地碳汇,并将其纳入 CCER 体系,加强绿色减排项目碳储量评估、碳排查及相关数据体系建设。三是完善排污权交易制度。健全配套法规体系、完善分配机制、与排污许可制度充分整合、健全交易规则、确定合适的交易方式以保证交易的灵活和高效。四是促进用能权交易的发展。用能权交易制度旨在从供给侧实现能源消费总量和强度的双控目标,与碳排放权交易侧重从末端排放侧约束温室气体排放虽有不同,但都是重要的控制温室气体排放的重要市场机制,需要完善碳排放权交易和用能权交易的有效衔接(刘明明,2017)。

(二)完善绿色金融重要政策支持与配套机制

推进绿色金融发展的各个领域,亟需绿色金融标准的明确、绿色金融担保贴息等鼓励政策的加大、绿色金融风险监管体系的完善、绿色金融科技支持力度的加强，以及长三角绿色金融政策协同，以此更好地为市场化生态保护补偿制度提供重要资金支持。

1. 明确绿色金融标准

绿色金融标准体系是绿色金融发展的重要前提，既是规范绿色金融相关业务、确保绿色金融自身实现可持续的必要技术基础，也是推动经济绿色发展的重要保障。国际社会都在加强绿色金融标准的制定和完善，其中，欧盟非常注重向国际社会推广其绿色标准、绿色标签和绿色评价体系。欧盟的可持续金融分类标准、绿色债券标准、金融行业信息披露标准和企业非财务信息披露标准等都遵循统一的监管规则和风险防控准则，这些标准和准则界定清晰、高度协同，操作性和实践性都较强。例如，《欧盟可持续金融分类法》，该分类法旨在为公司、资本市场和政策制定者明确哪些经济活动是可持续的。作为一种筛选工具，该分类法寻求支持投资流入这些活动。又如，《欧洲绿色债券标准》(European Green Bond Standard，EUGBS)是面向欧盟内外所有公共与私营部门债券发行方的自愿性指引，提出分类标准、信息标准、审查标准以及发布报告等四个关键标准，在一定程度上降低"洗绿"风险。再如，《欧盟气候基准条例》，该基准可有效降低"漂绿"风险。在标签工具上，欧盟将其生态标签(EU Eco-label)扩展到金融产品，为散户投资者提供一个可信、可靠和广泛认可的零售金融产品标签(EU，2021)。还可借鉴法国标签认证制度。法国通过标签认证来规范绿色金融产品，发挥绿色金融目录的作用。2016年，法国经济与财政部提出社会责任投资标签，表明相关投资活动考虑了ESG因素。同年，法国推出"绿色和可持续金融倡议"，以推动金融业发展。2017年，该倡议被更名为"Finance for Tomorrow"。因此，为了完善绿色金融标准制度体系，需在法治化视野下廓清绿色金融标准的内涵与外延，确立价值目标兼容、多元维度拓展、适用逻辑协同和法治程序保障等有效运行机制(陈波，2024)。

2. 加大绿色金融担保贴息财政支持

根据联合国环境署《绿色经济发展报告》,绿色经济财政政策包括:环境税、免税和减税;广泛而稳健的污染收费;绿色补贴、赠款和补贴贷款及奖励环境绩效;取消对环境有害的补贴;以及直接将公共支出用于基础设施等五类。这些激励政策可以用来解决前期投资成本高昂的问题(Clements-Hunt,2011)。政府在发展绿色信贷、绿色基金、绿色保险等推动循环经济和绿色金融双赢的过程中,应当起到重要推动作用。一是制定一系列标准、条例和优惠政策,完善绿色财政奖励机制。通过提供研发经费、补贴及贷款等促使加强绿色经济的发展。二是鼓励政府资本和金融机构合作建立绿色担保基金,为绿色中小企业提供贷款担保和风险补偿,撬动更多的金融资源投资绿色项目。①三是成立由政府资金和民间资本共同运营的 PPP 模式,设立专项研发与产业化支持项目,将绿色金融理念融入生态文明和经济转型战略(王波和岳思佳,2019)。

3. 强化绿色金融风险监管体系

上海绿色金融的发展应当在构建企业环境信息披露平台和绿色信用评价体系、健全责任追究和风险补偿机制等方面开展探索。一是通过绿色金融政策、法律与制度设计,使得绿色金融活动内生化,从而从根本上避免"漂绿"风险。通过健全责任追究机制,加强对"骗补"和"滥发"的处罚和约束,通过绿色项目投融资风险分担与补偿机制,针对社会资本发出绿色积极信号。二是鼓励企业信息披露平台和绿色信用评价体系的建立,从而明确绿色金融扶持对象,有助于绿色项目识别,有效规避企业"洗绿"风险。三是构建绿色信贷业绩评估体系、建立绿色信贷业绩评估指标体系及评估质量保障体系,精准检索单个机构和整个系统的薄弱环节,有效防范环境因素可能

---

① 例如,英国政府推出的"贷款担保计划",主要是向那些资信评级等条件不足、无法通过金融机构的标准程序获得贷款的节能环保、生产治污设备以及绿色建筑服务业等绿色低碳行业提供一定比例的政府担保贷款。

引起的风险,也为相关激励约束机制的落地提供客观依据。

4. 加强绿色金融科技支持力度

金融科技推动绿色金融全面发展,亟须解决两方面问题。一是科技本身存在的问题。例如,就目前区块链技术而言,如果将其应用到绿色金融中,则需每一笔交易对各个阶段的所有节点进行验证,而目前的技术使得验证一次交易需要的时间较长,运行效率不高。二是新技术漏洞和法律监管框架的滞后,使金融行业人工智能面临数据泄露、合法性不确定等风险。因此,上海在推动金融科技与绿色金融高效融合的过程中,首先应当完善相关法规,提升政府治理能力和监管能力,规范权利义务体系和风险责任承担机制,为金融科技更好地服务于绿色金融提供法治保障。其次,大力支持人工智能和数字技术的发展,合理布局新一代信息技术产业链,发挥区域融合联动优势,推动长三角绿色金融一体化发展。最后,推进人工智能、区块链等数字技术在绿色金融领域的融合与应用。例如,对于绿色债券而言,可以考虑在场外建立面向长三角乃至全国统一的区块链交易市场,以打破地域限制,提高融资效率。

5. 完善政策协同,推动长三角绿色金融一体化

上海应积极推动长三角政策法规协同,以推动长三角区域市场化生态保护补偿目标的加速实现。一是加强对接,打造绿色项目库"长三角样本"。对实施绿色项目的主体进行持续跟踪、动态调整,对已申报的绿色项目提交第三方机构进行评审,经评审后公开入库,保证信息上下沟通顺畅。二是研究制定长三角互认互通的绿色金融产品服务标准体系。借助上海金融中心优势,培育专业能力高、国际影响力大的第三方绿色认证机构,出具独立的"长三角绿色认证报告",有效评价项目绿色效益,吸引更多投资者进入市场。三是打造具有长三角特色的"绿色金融+区块链"金融综合服务平台,通过"区块链"对绿色资金使用全过程进行监督和审计,提高资金使用透明度,以确保绿色债券等绿色金融项目的资金确实流向绿色产业,杜绝"漂绿"

现象。四是增强绿色金融产品研发实力,合理布局新一代信息技术产业链,发挥区域融合联动优势,推动长三角绿色金融一体化发展。五是探索长三角绿色金融区域立法。尽管区域立法是介于国家立法和地方立法之间的一种规范性文件,目前并不符合我国《立法法》的规定,但是基于《中华人民共和国长江保护法》(第一部流域立法)的成功颁布,长三角绿色金融立法探索实践也将指日可待。

6. 转型金融及其与绿色金融的衔接问题

转型金融是指通过金融手段支持高碳行业向低碳、零碳转型,以促进产业结构升级和绿色转型的一种新兴金融模式。《上海市浦东新区绿色金融发展若干规定》虽然对转型金融进行了原则性规定,但仍有待进一步完善。

一是完善转型金融规制型政策工具。产业主管部门与金融监管部门亟需进一步推出差异化激励办法引导企业转型,金融监管部门可推出专项再贷款等货币政策工具,并研究将转型金融纳入评价体系;地方政府可根据不同行业情况,制定更为具体的落地标准与实施细则,明确转型主体和项目资金支持方式、支持力度和要求等,确保《上海市转型金融目录(试行)》实施的有效性;建立转型企业库、转型项目库,与正在建立中的绿色项目库衔接,并根据技术发展情况对目录进行动态调整与覆盖范围的适当扩容。

二是完善转型金融信息披露。根据我国碳市场发展情况,逐步有序地在参与碳排放权交易的碳密集型重点企业、上市公司等市场主体中分阶段实施碳信息的强制披露制度。对于转型金融产品发行企业而言,除了碳排放、碳强度、碳足迹等碳信息外,还应规范和强化转型战略、实施进展及减排效果、产生的环境效益、转型资金的使用情况,以及可能存在相关风险等因素的信息披露。对于不采取积极行动进行低碳转型努力的高碳企业或者金融机构,可以实施较为严格的税收惩罚制度。同时,税收惩罚机制的实施,要尽力评估和考量转型企业的偿付能力,避免对金融和社会稳定等带来负面影响。

三是探索转型金融激励机制。根据转型企业对转型目标的完成情况制定差异性激励政策,对于转型绩效考核表现较好的企业根据一定标准给与财政或税收方面的支持。考虑设置支持转型金融专项再贷款,资金规模与商业银行支持低碳转型的信贷占比挂钩,资金利率与支持低碳转型的信贷规模挂钩。合理划分财政和金融政策重点领域,使二者协调配合形成政策合力。鼓励财政资金加大与金融、环保等政策联动,通过奖补措施增加高碳企业转型意愿。

第四节　推动上海打造助力生态保护补偿机制的碳定价中心

碳排放权交易市场本身就是生态保护补偿的一种市场方式,是通过对碳排放权定价,对减排企业产生的生态效益进行补偿。近年来,随着上海低碳城市发展及国际金融中心建设取得的重大进展,上海更加重视碳交易、碳金融及碳定价机制的发展与完善,无论其制度设计还是实践发展均取得了较大进步。但是结合目前全国及上海碳交易、碳金融的发展现状,上海国际碳金融中心的打造仍有诸多提升空间,本节旨在分析上海碳交易、碳金融和碳定价发展优势与面临挑战的基础上,提出上海打造具有国际影响力的碳金融、碳定价中心的战略对策。

一、上海打造具有国际影响力的碳定价中心的意义

加快建设具有世界影响力的国际大都市,是中国政府对上海的明确定位,碳资产作为一种重要的生产要素,是上海进一步融入全球经济体系、参与全球气候治理的关键载体,是提升中国碳要素资源配置定价权和话语权的重要保障。打造具有国际影响力的碳定价中心,对"双碳"目标推进、国际

金融中心建设及碳定价话语权提升意义重大。

（一）有助于推进"碳达峰、碳中和"进程

以排放交易系统为主的碳定价，为受制于价格的实体提供了灵活性，使其找到更便宜的减排方式，从而成为一种经济上有效的减排手段。作为改革开放的排头兵，上海已经制定了明确的《上海市碳达峰实施方案》。以碳交易为主要依托的碳金融、碳定价机制，可通过成本效益优化的市场机制实现碳排放总量控制目标，将资金、技术等引至低碳发展领域，对于纳管企业，碳约束目标倒逼其激发创新潜力，主动优化技术和组织结构；对于非纳管企业，鼓励其开发减排项目和技术，通过碳交易市场获取额外收益，促进产业技术和行业结构向"低碳化"转型，进而实现整个制造业转型升级。碳定价可通过推动企业组织创新、资本深化和绿色技术创新促进制造业转型升级，进而推进上海经济高质量发展。

（二）有助于推动全球气候治理体系的构建

碳交易作为全球气候治理的重要手段与措施，肩负着节能减排、环境治理、促进可持续发展的重要使命。碳定价是通过对某些部门的温室气体排放进行定价，并将碳排放的社会成本分配给排放者，以鼓励其活动去碳化的一种碳排放管理机制。碳定价机制本质上是促进碳减排的重要政策工具，但同时也容易被一些国际组织当作制衡其他国家经济发展和制造舆论压力的有利武器。中国建立完善的碳金融、碳定价机制，有助于推动建立公平合理、合作共赢的全球气候治理体系。

（三）有助于提升上海国际金融中心地位

上海已在 2020 年以高标准基本建成国际金融中心。后 2020 时期，上海国际金融中心的发展需要更高的站位、更广的视野，并在支持国家战略、参与全球治理等方面发挥作用。此外，国家对上海碳金融、碳定价业务的政策倾斜与配套措施可以吸引国际金融机构，各类金融衍生品的开发可以吸引国内外投行业务，以此促进金融机构和金融活动的聚集。同时，碳金融能够极大地增加上海金融业的产值,对上海金融业的创新以及金融市场体系的完善起到极大促进作用,增强上海国际金融中心的竞争力。

二、具有国际影响力的主要碳市场之重要特征

碳定价政策旨在提高二氧化碳和其他温室气体的排放成本,确保市场参与者在做出商业决策时考虑到碳排放的真实成本,以鼓励企业和家庭改变自身的生产和消费行为,实现全社会碳排放的下降。企业将投资最具成本效益的减排方案,寻求将与碳价相关的成本降至最低。同时,消费者也将根据成本优势选择低排放产品。通过这一过程,随着时间的推移,低排放生产商将获得比高排放生产商更多的市场份额,从而使碳定价政策可以在经济脱碳方面发挥关键作用。截至 2023 年 4 月,全球共计有 73 个以碳税或碳排放交易体系为主的直接碳定价机制。部分国家或地区正式宣布或启动其新的ETS 或碳税的计划。例如,奥地利和美国华盛顿州均启动了新的 ETS;印度尼西亚宣布将启动强制性国家 ETS 计划;墨西哥内的三个州(雷塔罗、墨西哥州和尤卡坦)则实施了新的碳税计划。上述新增机制中,除印度尼西亚外,其余均建立在已存在碳税或 ETS 的国家或地区(World Bank,2023)。

碳交易、碳税和碳信用是三种主要的碳定价机制,碳交易与其他碳定价工具的重要理论差异在于排放水平更为确定(限定了覆盖行业排放的总量),但价格并非固定,而是由配额需求决定,进而提供了一种以最低成本实现减排的激励措施。碳交易(ETS)作为一种重要的碳定价机制,针对一个或多个经济部门设定排放总量上限。监管者发放不超过总量水平的可用于交易的配额。每个配额通常相当于一吨的排放量①。ETS 覆盖的所有排放

---

① 配额可以"吨二氧化碳"或"吨二氧化碳当量"为单位发放。后者包括二氧化碳及其他温室气体(例如甲烷、氧化亚氮、氢氟碳化合物、全氟碳、六氟化硫和三氟化氮,根据其对应的全球变暖潜力)。一个配额也有可能对应不同质量的温室气体,例如在 RGGI 中一个碳配额对应一短吨,约为 0.9 吨温室气体。

实体可以进行配额交易,进而形成配额的市场价格(碳价)。如果减排成本低于碳价,就会激励企业主动减少排放。碳价反映了配额总量的松紧程度:更严格的排放总量意味着更少的配额发放。在其他条件相同的情况下,这会导致更高的碳价,从而更有力地激励企业通过减少排放来避免配额缺口。这样,碳价表现为一个有利于提高低排放产品和服务的信号。因此,提前设定排放总量上限提供了一个长期的市场信号,参与者可以进行相应的规划和投资(如在计划设备升级时,寻找更低碳的选择)。

　　明晰国际碳金融中心建立的基本特征,是探讨如何打造上海国际碳金融中心的首要任务。首先,国际碳定价中心须满足一定条件和要素。全球性超大规模的碳交易市场,是国际碳金融中心建立的首要前提,金融机构集聚、金融市场体系完善、金融基础设施齐备、高密度的金融综合人才都是国际碳金融中心运行不可或缺的重要条件(王瑶,2023)。也有学者提出,碳金融中心应当在碳减排量分配、碳排放权交易市场结构、碳排放权定价机制等方面均得到国际碳金融主体的认可(雷鹏飞和孟科学,2019)。其次,虽然国际上已有五大碳交易体系,但国际碳市场中心尚未形成,交易平台、交易体系并不完全相同,不同市场之间不能形成链接,难以形成跨市场交易(盛春光,2012)。但是,已经存在的碳交易市场中,既有场外交易市场,也有场内交易市场;既有政府管制产生的市场,也有参加者自愿形成的市场。市场分立将导致碳交易规模被限定在一定范围内,严重影响市场活跃度(杨晴,2020)。再次,国际碳金融发展的经验借鉴。发达国家碳金融的配额市场比较发达,形成了比较完善的碳金融市场体系,极大地改善了温室气体排放问题,减排成本低、减排效果好,给发展中国家特别是我国的碳金融市场发展和温室气体减排提供了很好的借鉴(王家喜,2017)。同时,还需要建立碳金融法律体系、制定灵活有效的政府支持政策、建立公平严格的监管机制(杨大光等,2011)。最后,上海国际碳金融中心应具备的功能。建成全球碳交易与碳金融中心,提升上海金融中心的国际地位,加快人民币国际化进程、促进产业结构的改善,提升中国碳定价的话语权(涂永前,2012)。因此,国际碳金融中心的建立需满足一定的条件和要素,上海作为位列前三的国际金融中心,可以担此重任。结合国内外先进理论和实践经验、在梳理欧盟、英国、新西兰、美国、韩国等国际主要碳金融发展及碳市场分布格局的基础上,分析得出国际碳金融中心主要具有以下四个特点。

(一) 连接国际碳市场的能力

国际碳市场连接,指在有或无限制的情况下,一个辖区内的 ETS 允许其受管控实体使用另一司法管辖区发放的配额完成履约,或允许一个辖区发放的配额在另一个辖区的 ETS 中用于履约。现有研究表明,国际碳市场连接,提高了减排范围的灵活性,可有效降低边际减排成本(Stevens and Rose,2002)。同时,连接还可提高市场流动性和碳价的可预测性,有助于消除碳泄漏,进而有效推动国际社会碳减排力度和气候治理国际合作(Diaz-Rainey and Tulloch,2018)。但也有研究认为,连接也会带来风险。不仅会削弱司法管辖区对本地碳价的控制,而且还会降低对辖区内减排水平的管控(Anger,2008)。因此,连接需要 ETS 间"相互信任",并在设计要素需对碳市场的完整性、功能等进行调整,使其具备一定程度的兼容性(Leining et al.,2020)。结构性设计要素,即体系的自愿或强制属性以及排放总量设定的方式,必须相一致。其他设计要素,如碳价或配额供应调整措施(PSAMs)、抵销的使用和环境完整性、配额存储和预借规则,以及与其他 ETS 连接的可能性等,无需绝对一致,但必须在连接的体系之间体现可比性。例如,加拿大魁北克碳市场与美国加利福尼亚州碳市场于 2014 年 1 月起实现连接,两者实现联合拍卖和履约,表明两个次国家碳市场之间的首次国际联系(Narassimhan et al.,2022)。二者在设计之初就做好了市场连接的准备,在实现连接后,两个碳市场在管理上仍保持相互独立。此外,现行主要碳市场的连接包括加州和魁北克、欧盟和瑞士、美国区域温室气体倡议(RGGI)及东京和埼玉(见表 4.6)。

表 4.6 现行主要碳市场的连接

体　系	主要特点	关键事件
加州和魁北克	● 分开的排放总量上限 ● 联合配额拍卖和注册登记系统	2014 年形成连接
欧盟和瑞士	● 分开的排放总量上限 ● 单独拍卖	2020 年连接生效
美国区域温室气体倡议(RGGI)	● 随着州的加入/离开,一些参与州会随着时间的推移而变化 ● 共同的排放总量上限 ● 联合配额拍卖 ● 共同的注册登记系统	● 2009 年在 10 个州开始运作 ● 2021 年 1 月起,弗吉尼亚成为第 11 个参与 RGGI 的州
东京和埼玉	● 分开的排放总量上限 ● 各自独立的配额分配机制和注册登记系统	2011 埼玉 ETS 启动时,立即进行连接

资料来源:国际碳行动合作伙伴组织(ICAP)《碳排放权交易实践手册》。

(二)具有明确的法律法规体系

法律法规在碳交易的所有阶段都发挥着重要作用。因为配额是由政策制定者创建、并在供给上受到人为限制,所以有明确定义和具有可执行性的规则对于碳交易机制的正常运作至关重要。一个存在缺陷的法律体系会破坏碳交易机制的环境目标、削弱市场参与者的信心,从而影响交易行为、干扰市场的完整性和效率。一个健全的法律体系包括授权建立碳市场的初始法律文件、涉及关键设计要素的配套法律文件以及确保履约的执法体系。

强制履约和监管确保了碳交易所覆盖的排放量得到精确测量和一致报告。有效的市场监管可以使碳市场高效运行,加强碳市场参与者之间的信任。强制履约的一个先决条件是构建法律体系,并识别受该体系管控的所有实体。法律体系包括碳交易的法律基础(通常由正式立法通过)以及制定碳交易的配套规章和指南。此外,与金融市场监管等其他法律领域的衔接也应发挥重要作用。碳交易覆盖的实体名单可以由政府统一确定,也可以基于企业的自愿报名。利用现有的管理体制可以使之变得更容易;但随着企业数量的不断变化,政府可能还需要设定一个具体的程序以确定新的受管控实体。同时,碳排放配额的作用和地位、履约义务、交易规则、监测、报告和核查(MRV)原则,以及对不履约或侵权行为的惩罚依据等,都需要明确的建立完整的法律框架体系予以明确规定,进而保障碳交易、碳金融、碳定价发展有章可循、有法可依。例如,在 EU ETS 建设中,欧盟层面的政策和立法成为核心推动力,其法律政策的发展是在欧洲议会、欧盟委员会和欧洲理事会的共同推动下进行的。2003 年,欧洲议会和欧洲理事会就欧盟内部建立温室气体排放配额交易计划通过决议(欧盟指令 2003/87/EC)。2019 年《欧洲绿色新政》提出 2030 年温室气体净排放在 1990 年水平基础上减少至少 55% 的目标,2023 年 4 月 15 日通过关键立法提出,与 2005 年的水平相比,新规则将 EU ETS 涵盖的行业到 2030 年额总体减排目标提高到 62%[①]。

(三) 完善的碳市场管理机制

这里主要指一级市场运行的管理机制,包括总量设定、覆盖的温室气体范围及行业范围、以及配额的分配方式和阶段。首先,设定碳排放总量,指政府在一定时间内发放的配额数量上限,限制了被纳入的排放源的排放总量。一是排放量的绝对数量限制。排放总量起点值通常以最近某一年的实际排放量作为基点,终点值根据减排目标确定。例如 EU ETS,在一级市场上,欧盟主要负责制定拍卖规则及年度拍卖计划,并选择拍卖平台,进行拍卖结果披露和拍卖收入分配,并根据不同阶段进行分配总量等的调整。二是基于碳排放强度的总量控制。即,根据给定的投入或产出作为衡量标准并发放配额数量,排放量必须随着时间推移而降低,例如中国、新西兰都是

---

① "Fit for 55": Council Adopts Key Pieces of Legislation Delivering on 2030 Climate Targets. Available online: https://www.consilium.europa.eu/en/press/press-releases/2023/04/25/fit-for-55-council-adopts-key-pieces-of-legislation-delivering-on-2030-climate-targets/(accessed on 16 June 2023).

基于强度的系统。具体的总量设定方法有两种，一是自上而下的方法，政府根据总体减排目标预估 ETS 排放总量；二是自下而上的方法，根据各行业或参与者的排放量和排放潜力，汇总 ETS 排放总量（Narassimhan et al., 2018）（见图 4.4）。政策制定者采取以上不同方法设定排放总量，取决于整个经济体的减排目标水平和司法环境。需要说明的是，"自下而上"的方法并不普遍，目前主要由中国实施该方法。

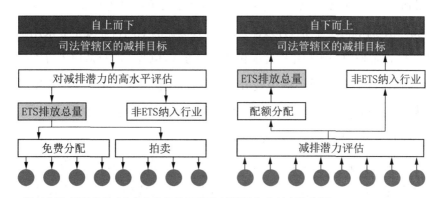

资料来源：国际碳行动合作伙伴组织（ICAP）《碳排放权交易实践手册》。

图 4.4　"自上而下"和"自下而上"的排放总量设定方法

其次，温室气体和各行业的覆盖范围。目前所有的 ETS 都覆盖二氧化碳排放，另外还有一些碳市场覆盖较多温室气体种类。尽管其他温室气体的排放总量较小，但因其具有更强的吸热能力和排放占比，部分 ETS 也将其纳入。目前，中国的全国碳排放权交易市场、美国区域温室气体倡议（RGGI）都仅覆盖二氧化碳，加州和魁北克碳市场包括以上七种温室气体和其他氟化温室气体。有关碳市场行业覆盖范围的广度是由其排放概况以及对公平、环境完整性和经济效率的考虑推动。此外，ETS 覆盖行业会考虑纳入排放占比较高、数量和规模较大、现在及未来具有良好减排措施、具有高成本效益且易于监管的行业和实体，包括电力、工业、建筑、交通运输、国内航空、废弃物处理以及林业等行业部门。

最后,配额分配方式和阶段。ETS创造了排放配额,允许持有者排放和配额相对应量的温室气体,这些配额可以在市场上交易。通过限制配额的总量,ETS将排放控制在低于其他情况下的水平上。配额的稀缺性创造了经济价值,这种价值通过配额的市场价格即碳价来反映。配额分配主要有两种基本方法:拍卖或使用不同的方法进行免费分配。拍卖通过竞标来分配配额,该方法能够促进碳价发现、提供强有力的减排激励;免费分配使得企业得到一定比例的免费配额,包括祖父法、基于历史产量的基准法,以及基于实际产量的基准法。目前,许多体系对ETS覆盖的不同行业或企业采用不同的方法,通常采用拍卖和免费分配相结合的方式,免费分配只适用于分配配额总量的一部分。因为单纯的免费分配是对高碳排放生产进行一定程度的补贴,侧面鼓励了生产,而不是鼓励减排,最终无法将碳价传递给消费者。

(四) 丰富的碳金融产品及其碳价管理机制

丰富的碳金融产品及完善的碳价管理机制是保证ETS二级市场良好运用的关键因素。二级市场是指配额在拍卖或免费分配后,在企业之间进行交易的市场。在ETS中有履约义务的企业需要参与,而其他参与者如金融机构,可在增加流动性和提供风险管理产品方面发挥重要作用。碳金融产品是指碳市场金融机构为满足各国法律制度规定下的金融活动而推出的包括碳期权、碳期货、碳掉期等碳金融衍生品工具(Cheng,2022)。碳期货和碳期权对于完善碳市场的价格发现功能,抑制碳价波动,规避碳市场交易的政治、金融和经济风险,以及吸引更多社会资本参与低碳减排等具有重大意义(Kalaitzoglou and Ibrahim,2015)。

目前,作为全球较为知名的碳排放权交易平台,欧洲气候交易所(ECX)欧洲能源交易所(EEX)等全球知名碳排放权交易中心的碳交易产品体系,普遍横跨一级市场与二级市场,交易品种均囊括了碳排放权现货交易产品和碳排放权衍生交易产品。在一级市场上,欧洲气候交易所主要负责英国碳配额(UKA)的拍卖,欧洲能源交易所则主要是欧盟碳排放配额(EUA)和欧盟航空业碳排放配额（EUAA）的拍卖。在二级市场上，欧洲气候交易所和欧洲能源交易所交易的碳现货产品结构一致，均为 EU-ETS 下的减排指标和项目减排量两种。欧盟碳排放配额、欧盟航空业碳排放配额和核证减排量（CER）是目前欧洲气候交易所交易的主要碳现货产品。在衍生品方面，欧洲气候交易所主要包括碳期货和碳期权两种，该交易所在 2005 年 4 月上市了欧盟碳排放配额期货合约。2021 年 5 月，英国脱欧后，欧洲气候交易所上市了英国碳排放配额期货和英国碳排放配额期货。欧洲能源交易所虽然后来也推出了欧盟碳排放配额期货和期权，但仍以现货交易为主（周怡等，2023）。

　　同时，碳市场需合理定价，以引导和激励金融机构加大对清洁能源的资产配置，增加对清洁能源的投融资。碳价格稳定机制，包括价格上下限、市场稳定储备，以及由市场机制设定的稳定价格等，对于平衡市场功能和实现市场联动至关重要。有些政府部门也采取措施直接管理碳价波动。韩国 ETS 于 2019 年引入做市商机制，以提高市场稳定性和流动性。该机制是在此前数年市场流动性差的背景下出台的，流动性差的部分原因是免费分配的配额占了很大比例。该机制的主要目的是在市场出现配额供应短缺时向无法购买到配额的空头企业提供卖盘。韩国开发银行和韩国工业银行被指定为做市商；如果需要，它们可以动用政府持有的 500 万份配额来增加市场流动性（ICAP，2023）。这些干预措施有助于减少碳价波动，从而降低短期价格风险、增强市场信心。

三、上海打造具有国际影响力的碳定价中心的优势和挑战

　　碳金融，是建立在碳排放权交易基础上的资金融通活动①。发展以碳

---

①　根据证监会 2022 年 4 月发布的行业标准《碳金融产品》的规定，碳金融产品可以分为碳市场交易工具、碳市场融资工具和碳市场支持工具三大类。具体而言，碳市场交易工具主要包括碳远期、碳期货、碳期权、碳掉期、碳借贷；碳资产融资工具主要包括碳债券、碳资产抵质押融资、碳资产回购、碳资产托管；碳市场支持工具主要包括碳指数、碳保险、碳基金。

金融为主的资金融通活动,一定离不开国际金融中心的重要支持。而上海已确立以人民币产品为主导、具有较强金融资源配置能力的全球性金融市场地位。上海齐备的金融要素市场,也有利于基于碳金融资产发展碳期货、碳资产证券化等创新业务,在更广阔的范围内盘活绿色资产。

（一）上海打造具有国际影响力的碳定价中心的优势与潜力

上海作为国际国内双循环的重要枢纽,可作为我国碳市场国际连接的纽带。此外,上海碳交易市场发展全国领先,上海在碳交易成交量、碳金融产品创新、人才集聚和金融科技等方面优势显著,正在形成碳金融发展的"上海方案"。

1. 碳交易二级市场总成交量居全国前列

上海碳市场主要交易产品为碳排放配额、国家核证自愿减排量及碳配额远期产品,并获得市场参与者普遍认可和高度评价。上海碳市场目前已纳入包括航空业在内的 27 个行业,是全国第一个将航空业纳入交易主体范围的试点碳市场,上海也是全国唯一连续 8 年实现企业履约清缴率 100％ 的试点地区(见表 4.7)。2021 年,上海碳市场年度碳配额现货总成交量位居第一(见图 4.5);上海碳市场 CCER 年度成交量和累计成交量均领跑全国,已连续 7 年稳居全国首位(见表 4.8)。

表 4.7 2013—2020 年度全国各碳市场履约情况

	2013 年	2014 年	2015 年	2016 年	2017 年	2018 年	2019 年	2020 年
上海	100％	100％	100％	100％	100％	100％	100％	100％
北京	97％	100％	100％	100％	99％		100％	100％
天津	96％	99％	100％	100％	100％	100％	100％	100％
湖北		100％	100％	100％	100％			100％
广东	99％	99％	100％	100％	100％	99％	100％	100％
深圳	99％	99％	100％	99％	99％	99％	99％	100％
重庆		70％						
福建				99％	100％		100％	100％

资料来源:整理自各交易所公开信息。表中空格处为信息未披露。

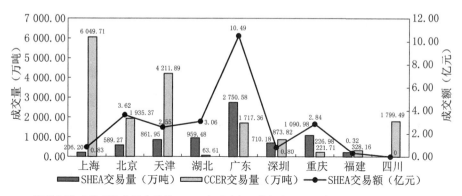

资料来源：上海环境能源交易所：《2021年碳市场工作报告》，2022年4月。

图4.5　2021年度全国各碳市场成交量和交易额统计

表4.8　全国各大碳市场CCER交易量占比

	2021年CCER交易量占比	历年累计CCER交易量占比
上海	35%	39%
北京	11%	10%
天津	24%	14%
湖北	0%	2%
广东	10%	16%
深圳	5%	6%
四川	10%	8%
福建	2%	4%
重庆	1%	1%

资料来源：整理自各交易所公开信息。

2. 碳交易充分激发企业降碳内生动力

上海碳市场纳管企业逐步建立健全了能源计量及监测体系，成立了专门部门或机构负责碳排放等相关领域管理工作。碳排放计量、监测和数据管理体系的建立和完善是碳交易制度的重要保障，也是目前中国碳市场发展的痛点和难点。上海碳市场纳管企业重视计量监测体系的更新，从能源精细化管理入手，积极推动节能降碳、优化技术和组织结构，在确保碳排放数据质量的同时，也激发了企业的创新潜力，通过持续推进高碳产业组织和结构优化,提升减排成效。

3. 碳配额作为一种重要资产备受重视

随着上海碳交易试点的有序推进,大多数纳管企业已将碳配额作为关系企业经营和发展的一项重要资产,明确专门部门和人员负责碳排放管理和交易工作。2021年,推出《上海碳排放配额质押登记业务规则》,推动实现碳排放权质押数量超150万吨,融资总规模4 100多万元。在上海环境能源交易所的支持下,中国银行、交通银行、中国农业银行、中国建设银行、浦发银行和兴业银行等金融机构与上海市中、外资纳管企业和机构投资者积极合作尝试以碳资产为标的的质押融资新路径。实现全国首单碳配额和CCER组合质押融资业务落地,充分发挥了碳资产的价值属性,提高了碳资产的管理效率,为企业和机构投资者拓宽了绿色融资渠道,帮助企业和机构投资者解决了短期融资问题,也为后续推动全国碳配额质押登记业务先行先试奠定了基础。上海环境能源交易所与金融机构的紧密合作,更好地服务实体经济发展向绿色低碳转型,为上海加快打造国际绿色金融枢纽作出更大贡献。同时,涌现出一批核查、节能低碳咨询服务机构,催生了碳资产管理、碳金融等新业务,碳市场建设也带动了绿色低碳领域相关产业的快速发展。

(二)上海打造具有国际影响力的碳定价中心的瓶颈与挑战

上海具备金融市场要素齐备、中外金融机构多样、科技资源布局前瞻及金融对外开放前沿等优势,但在依托全国碳市场、打造"国际碳金融中心"方面,依然面临诸多挑战。

1. 全球碳定价争夺激烈

碳定价是通过对某些部门的温室气体排放进行定价,并将碳排放的社会成本分配给排放者,以鼓励其活动去碳化的一种碳排放管理机制。最常见的碳定价机制是碳交易机制和碳税(Santikarn et al.,2021)。除了碳税和碳交易两大主要的显性碳定价政策机制外,还包括一些能源补贴和能源消费税在内的隐性碳定价机制。碳定价机制本质上是促进碳减排的重要政策工具,但同时也容易被一些国际组织当作制衡其他国家经济发展和制造舆论压力的有利武器。国际社会逐渐兴起的各种碳定价机制,在一定程度上了影响了上海国际碳金融中心的建立。

第一,试图利用"碳边境调节机制"(CBAM),强化其全球碳定价主导权。为解决碳泄漏问题,欧盟等国际社会提出碳关税或碳边境调节等单边碳价调整机制,旨在保护本国产品竞争力,一些已对高能耗产品征收较高碳税或已通过碳交易形成较高碳价的国家和地区,对其他尚未采取有效碳价机制或存在实质性能源补贴的国家生产的碳密集产品,在产品进口时征收二氧化碳排放关税。美国和加拿大等国也提出与欧盟 CBAM 类似的碳关税机制。虽然欧盟官员试图确保 CBAM 符合世界贸易组织(WTO)的义务,但 CBAM 的关键方面可能违反世贸组织规则,并可能受到争议。例如,CBAM 对在其他国家支付的基于市场的碳价格给予抵免,但对在中国支付的碳价格不予抵免,这种公开的歧视可能会引起世贸组织的诉讼(Hufbauer et al.,2022)。此外,美国提出《清洁竞争法》,拟对进口及美国本国能源密集型产品按相应碳排放量征收碳费;日、英等国致力于推动主要发达国家建立"碳关税"联盟等。这些西方国家,意图借由 CBAM 树立全球碳定价体系,占据全球气候规则制高地。

第二,试图建立不同国家、不同领域的全球碳定价体系,影响全球碳定价机制。一些国际组织就国际碳定价发出倡议,试图在一定程度上影响全球碳定价机制。2021 年 7 月,国际货币基金组织(IMF)建议结合发展阶段和历史排放责任,将二十国集团(G20)成员中的六大主要碳排放经济体分为 3 类并分别设置碳价下限(即碳排放最低价格):第一类是包括美、欧、加、英在内的发达经济体,并设定每吨 75 美元碳价下限;第二类主要是针对中国这样的高收入新兴市场经济体,并设定每吨 50 美元碳价下限;第三类是针对印度这样的低收入新兴市场经济体,并设定每吨 25 美元的碳价下限。

该碳价下限机制不仅未充分考虑人均历史碳排放及各国不同国情,导致各国在应对气候变化责任上缺乏公平性,而且由于破坏了各国根据其国情选择碳排放政策的自主权,在国际政治层面和执行机制上存在一定困境。

同年8月,经合组织秘书长提议参考"OECD/G20税基侵蚀和利润转移(BEPS)包容性框架"治理架构,建立"显性和隐性碳定价框架",以加强各国减缓气候变化政策协调,管控政策溢出效应。该碳定价政策也存在一定不足:一是忽视发达国家和发展中国家历史累计碳排放的明显差距而追求责任承担的趋同;二是各国国情的复杂性也为能效评价带来一定的操作困境;三是缺乏绿色理念和生态文化等绿色治理理念导致该框架包容性不足(邢丽等,2022)。

第三,试图推动成立"国际气候俱乐部",控制全球碳定价走向。一些西方国家,诸如德国欲推动七国集团国家成立"气候俱乐部",以平衡和补充欧盟碳关税。"气候俱乐部"的概念缘起于西方国家,目前更是得到了诸多国际社会政治力量的支持和青睐,并认为国际气候俱乐部的成立可以通过建立内部的惩罚机制及相应的福利激励机制而在一定程度上解决"气候外部性"和"搭便车"的问题,而且还能促进绿色技术传播与可持续性融资(Nordhaus,2021)。但实际上,"国际气候俱乐部"在一定程度上淡化了国际气候治理的"共同但有区别和各自能力原则",过分强调责任承担的均等化,忽视了发达国家的历史减排责任承担(孙永平和张欣宇,2022),将对我国一直秉持的国际气候治理立场带来一定冲击,进而也会对我国碳价提升带来诸多压力,并在很大程度上危及我国碳定价国际话语权。

2. 中国碳市场影响力有待提升

碳金融以碳排放权交易为基础,国际碳金融中心的打造离不开碳市场国际影响力的提升。但是中国碳市场的碎片化、制度待完善、国际连接不足一定程度上影响了自身影响力的提升。

第一,区域碳市场呈碎片化。目前全国碳市场虽已建成,但是仍存在一定碎片化,不仅各区域碳市场之间缺乏联系,而且全国和各区域碳市场之间也难以互通。首先是碳价的差别,自全国碳市场启动以来,碳价稳定在每吨40—60元人民币之间,约为区域碳市场平均碳价的两倍。其次,全国和各区域碳市场在总量设定、配额发放、覆盖的行业范围及碳价等方面存在较大差异,并呈现多区域性碳交易(金融)中心趋势。例如,北京将探索建立国际碳交易链接机制①;天津着力打造"碳普惠创新示范中心"②;海南以蓝碳为主设立国际碳交易中心③;湖北也在向全国碳金融中心迈进④;广州期货交易所积极部署碳排放权期货交易⑤。

　　虽然各地方试点碳市场发展各有侧重,这种致力于在特定领域建成较有影响力碳市场的做法,在一定程度上可以促进各地方碳市场的积极性和活跃度,但是各地方碳市场竞相建立国际(内)碳交易(金融)中心的做法,也会扩大各碳市场的无序竞争和资源浪费,对全国碳市场的统一和与各地方碳市场的有序结转带来一定制度障碍。同时,也与国家"加快建设全国统一大市场"的战略方针相左。因此,应选择金融市场更加齐备、金融机构更加多样、科技发展更加前瞻及国际金融更加前沿,并且以全国碳市场为依托的

---

① 2021年3月4日,北京市发布《关于构建现代环境治理体系的实施方案》,提出承建全国温室气体自愿减排管理和交易中心,推动建设国际绿色金融中心。参见北京市人民政府网,http://www.beijing.gov.cn/zhengce/zhengcefagui/202103/t20210324_2318331.html。

② 2021年4月21日,商务部印发《天津市服务业扩大开放综合试点总体方案》,提出"打造天津碳普惠创新示范中心"。参见中国政府网,http://www.gov.cn/zhengce/zhengceku/2021-04/24/content_5601790.htm。

③ 2022年2月7日,海南省金融局印发《关于设立海南国际碳排放权交易中心有限公司的批复》,同意设立海碳中心。将通过蓝碳产品的市场化交易,并纳入国际海洋治理体系。参见国家发展改革委员会网站,https://www.ndrc.gov.cn/xwdt/ztzl/hnqmshggkf/zjhn/202203/t20220331_1321328.html?code=&state=123。

④ 2022年6月21日,武汉市发布《建设全国碳金融中心行动方案》,提出推进建设全国碳金融中心。参见武汉市人民政府网,http://www.wuhan.gov.cn/zwgk/xxgk/zfwj/szfwj/202206/t20220628_1995476.shtml。

⑤ 2022年8月2日,广东省地方金融监督管理局发布《关于完善期现货联动市场体系　推动实体经济高质量发展实施方案》,提出建设广州期货交易所,支持碳排放权在广州期货交易所上市。参见国务院新闻办公室网,http://www.scio.gov.cn/xwfbh/gssxwfbh/xwfbh/guangdong/Document/1728421/1728421.htm。

上海碳市场,着力打造更具影响力的国际碳金融中心。

第二,全国碳市场制度有待完善。自2021年7月全国碳市场开始运行以来,虽然在碳排放配额累计成交量和成交额方面都取得较大成功(见表4.9),但是在覆盖范围、参与主体以及碳信息披露方面仍有待完善。首先,覆盖范围方面,当前碳市场只包括电力行业,较小的市场容量掣肘碳市场定价能力。诚然,全国碳市场目前只选择电力行业,也是基于电力行业碳排放数据易获取、行业碳排放基础较好、便于准确计算行业碳强度基准等因素。但是随着碳排放数据体系的不断完善,可考虑覆盖更多高碳排放行业。其次,参与主体方面,全国碳市场仅包括部分控排企业,并未纳入金融和投资机构,在一定程度上影响碳市场容量和流动性。从国际上来看,当前多数碳市场已纳入非履约机构和个人。例如,韩国碳市场对指定金融机构开放,墨西哥和哈萨克斯坦碳市场规定金融机构和个人等非履约主体须以碳汇交易的方式参与碳市场(陈骁和张明,2022)。再者,碳排放信息披露方面,一些控排企业仍存在碳排放报告数据弄虚作假的情况。究其原因,主要还是控排企业数据造假的违法成本较低且处罚较轻,不足以对其产生一定震慑作用(杨博文,2022)。另外,碳交易市场价格调控、风险防范机制等全国碳市场配套制度仍未健全,难以为全国碳市场的良好运行提供长效保障。

第三,国际碳市场连接与合作不足。目前诸多研究表明,区域间碳市场连接对于提高全球经济福利和生态福祉意义重大,包括降低交易成本、增加市场稳定性以及提高全球碳减排效率等(Judson et al.,2009)。中国建立具有国际影响力的碳市场,与国际碳市场建立连接和合作必不可少。但是国际碳市场连接存在诸多政治和技术方面的障碍与限制,不仅与各区域间的经济发展目标、减排成本等宏观经济发展战略相关,更与碳交易总量和配额分配制定、覆盖范围、法律规制、碳信息数据体系等密切相关。例如,我国碳市场总量测算基准为单位能耗下碳排放强度,与发达国家普遍采用的"行业分类基准线"的方式差异较大。虽然以碳排放强度确定配额总量的方式,具

表 4.9　全国及地方试点碳市场覆盖范围及配额累计成交情况

	开市日期	交易平台	覆盖行业	累计交易量（万吨）	累计交易额（亿元）	成交均价（元/吨）
全国	2021年7月16日	上海环境能源交易所	发电行业	20 307.55	89.96	57.90
上海	2013年12月26日	上海环境与能源交易所	工业涉及钢铁、石化、化工、有色、电力、建材、纺织、造纸、橡胶、化纤等行业；非工业涉及航空、机场、铁路、商业、宾馆、金融、建筑等行业	1 818.20	5.66	30.71
北京	2013年11月28日	北京绿色交易所	电力、热力、制造、运输、建筑、公共机构和大学	1 744.01	11.34	56.42
天津	2013年12月26日	天津碳排放权交易所	钢铁、化工、电力、热力、石化、油气开采等重点排放行业	2 275.70	5.56	21.96
湖北	2014年4月12日	湖北碳排放权交易中心	钢铁、化工、水泥、汽车制造、电力、有色、玻璃、造纸等	8 224.77	19.87	22.99
广东	2013年12月19日	广州碳排放权交易中心	水泥、钢铁、电力、石化、陶瓷、纺织、有色、塑料、造纸等	19 008.40	45.48	20.56
深圳	2013年6月18日	深圳排放权交易所	工业、建筑、交通行业	5 472.46	13.84	24.08
重庆	2014年6月19日	重庆碳排放权交易中心	电解铝、铁合金、电石、烧碱、水泥、钢铁等高耗能行业	1 056.70	0.99	18.28
福建	2015年5月28日	海峡资源环境交易中心	电力、钢铁、化工、有色、民航、建材、陶瓷等9大行业	0.18	3.44	33.50
四川	2011年9月30日	四川联合环境交易所	未明确覆盖具体行业，均为CCER交易			

资料来源：整理自各交易所公开信息及 wind 数据库，表中数据统计截至 2022 年 11 月 28 日。

有一定的灵活性,企业可根据经济环境调整其生产决策进而决定可获得的配额量,同时也更适合我国现阶段的绿色发展需求(张希良等,2021),但是由于其在减排效果的确定性、经济效率及基准线设计等方面存在争议,不被一些发达国家所采纳,这种差异也为我国碳市场的国际连接带来制度性障碍。此外,每个碳交易机制都必须建立在强大的法律基础上,提供与外国管辖区联系的权力、实施适当联系法规的权力,包括排放配额的作用和地位、履约义务、交易规则、监测、报告和核查原则,以及对不履约或侵权行为的惩罚依据。缺乏兼容的法律框架可能成为授权必要的相互联系的障碍,包括保障其运作,这可能妨碍执行机构将其排放交易计划与外国管辖区的排放交易计划联系起来。

3. 上海碳市场的金融属性有待充分激活

虽然近年来上海在碳交易产品方面有所创新,也进行了碳配额远期产品交易的探索,但累计交易量相对较少,碳价和交易活跃度相对较低。究其原因,主要是由于目前上海及我国碳市场定位为碳减排政策工具,而碳市场的金融属性尚未完全激活,主要表现在碳排放法律属性不明、碳金融衍生品开发不足以及碳期货法律规定阙如等方面。

第一,碳排放权法律属性不明。碳排放权属性界定关乎碳排放权可否抵(质)押,以及金融机构等非控排主体的市场准入资格等。但我国现行立法并未明确界定碳排放权法律属性,只将碳排放权规定为政府分配给重点排放单位在特定时期内的碳排放配额,进而极大影响了碳市场金融功能的开发。目前,学界对于碳排放权法律性质的讨论主要围绕碳配额进行且争议较大。梳理学说与立法例可以发现,碳排放权的法律性质存在财产权说、行政特许权说以及公私混合权利说等不同立场的争论。

其一,财产权说。一般认为,碳排放权具备财产权特征,具有价值性,可在市场上交易。欧盟2014年通过的《金融工具条例》明确将碳排放配额界定为金融工具,纳入金融监管体系(FID,2014),碳配额因此也具有财产权属性。新西兰在《应对气候变化修订法案 2009》中，将碳配额归属为私人财产范畴(CCRAA，2009)。此外，2008 年澳大利亚也明确承认碳配额属于私有财产①。但就财产权说，也有很多种类型，首先，准物权说认为，环境容量具有可感知性、相对的可支配性、可确定性的物权特征，可将其作为一种权利载体，但是根据"物权法定"原则，碳排放权又不属于完全的物权种类，因此可将其定义为特殊的物权，即准物权范畴(邓海峰，2005)。其次，用益物权说认为，碳排放权是基于其转让行为对国家环境容量资源的占有、收益与使用，属于用益物权(倪受彬，2022)。再者，特许物权说主张，由于碳排放权的一级市场中有国家行政权力的高度参与，因此属于特别法上的物权或特许物权(王小龙，2009)。再次，新财产权说认为，将碳排放权物权化的观点，不符合大陆法系制度所有权为核心的规定，应将其视为一种新财产权(王清军，2010)。还有学者在新财产权说的基础上，基于其主要依靠数字存储及数据交易的特性，将其细化为一种新型的数据财产(丁丁和潘方方，2012)。

其二，行政特许权说。有学者指出，碳排放权虽然具有物权的一般特征，但面临公共资源私有化的道德质疑，认为碳排放权界定为行政特许权更为合理。虽然碳排放权持有者享有一定的占有、使用和收益的权利，但根据政府对碳配额的初始分配、碳交易数据的政府监管以及政府享有最终的支配权等特征，认为碳排放权具有行政规制权的特征(王慧，2017)，该学说着重于碳排放权的公法色彩，它可以避免碳排放权私权化带来的私权滥用以及政府赔偿等可能的风险；或许正是基于以上考虑，无论是国际法还是我国国内法律，对于碳排放权的性质一直都未有明确规定(Marrakesh，2001)。此外，2017 年更新的美国《区域温室气体倡议示范规则》规定碳排放配额不构成财产权。此外，还有观点主张，碳排放权是准物权与发展权的混合体(王明远，2010)。总之，对于碳排放权的权利性质，学界仍有分歧。

---

① 参见 Carbon Pollution Reduction Scheme—Australia's Low Pollution Future：White Paper。

第二,以现货交易为主,碳金融衍生品发展不足。从上海及国内各试点碳市场的交易和运行规律来看,上海及各地方碳市场碳配额均价及总成交量均存在一定波动性(见图4.6),这主要由于每年8月份左右开始进入履约期,碳价和总成交量均有一定上涨,至次年1月开始,二者又呈现出明显回落趋势,这也体现出上海履约型碳市场的主要特征。此外,碳价和总成交量的波动性也体现出我国碳金融衍生品发展的不足:一是碳排放权交易的财产属性尚未明确,导致碳金融衍生品工具的使用不够充分;二是尽管上海及各试点碳市场都有包括碳信托、碳基金、碳托管、碳保险等衍生品工具的尝试,但是由于上海碳市场与各地方试点碳市场的相对割裂,以上碳金融衍生品难以规模化运用;三是由于企业和个人等非控排主体的缺乏参与,导致市场需求和社会资金都难以激活碳金融衍生品交易的活跃性。这与欧盟ETS在其成立之初便允许碳配额以现货和期货同时存在不同,上海及各试点碳市场在建设之初并未涉及碳期货及衍生品,使得碳金融市场及各类服务机构发展滞后。

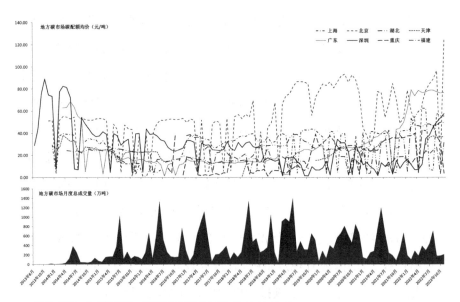

资料来源:wind数据库。数据统计截至2022年11月30日。

图4.6 地方碳市场碳配额均价及成交总量波动情况

第三,碳期货及衍生品交易法律规定阙如。碳期货作为全球最重要的碳交易工具,可抑制碳现货市场价格波动现象,也具有一定的碳价格发现功能(吴青和王泊文,2021)。作为全球最大的碳市场,欧盟碳市场的期货交易总量占总成交量的90%以上。而碳期货在上海及我国其他尚处探索研究阶段,关于碳期货的诸多法律问题也缺乏明确规定。一是法律性质不明,因为碳期货依托碳配额和碳信用而建立,其法律属性也应与其相一致,而我国目前碳配额和碳信用法律属性的规定不明导致碳期货的法律属性也无法可依。二是交易场所不清,由于我国《期货与衍生品法》(2022)并未明确将碳期货作为期货及衍生品的法定类别,碳期货是否属于"期货"仍然存疑。因此,如果碳期货交易在期货交易所进行则缺乏明确法律依据,如在碳交易所进行则明显违法。例如,上海期货交易所尚未开展以碳现货为基础的碳期货业务,而上海环境能源交易所则无权进行期货交易。三是监管机构待定,由于以上两点的规定不明,碳期货的监管机构(到底是生态环境行政主管部门、金融监督部门还是第三方独立机构负责)也难以明确。虽然证监会发布的行业标准《碳金融产品》对碳期货的概念进行了界定,但并不能说明碳期货属于该标准的调整范围。

四、上海打造具有国际影响力的碳定价中心的战略与对策

打造上海国际碳金融中心,既需要上海层面着力构建具有国际影响力的碳市场,还需要在国家层面完善碳交易相关法律法规体系,更需要上海在国家指导下推动上海国际碳金融建设上升为国家战略,提高中国在全球碳市场体系的参与度与竞争力。

(一)推动上海国际碳定价中心建设上升为国家战略

首先,碳资产的生产要素属性,有助于上海融入全球气候治理体系。碳资产作为一种重要的生产要素,是上海融入全球经济体系、参与全球经济和气候治理的关键载体。上海国际碳金融中心的打造,有助于上

海参与国际碳金融、碳定价标准的制定,以及推动国际碳市场规则的完善,进而在国际规则制定和世界市场中,形成更多"上海标准"和"上海价格"。

其次,上海理应肩负起参与国际竞争与合作的重要使命。上海作为我国改革开放的前沿窗口和深度链接全球的国际大都市,理应肩负起参与国际竞争与合作的重要使命。上海国际碳金融中心的建设,需要国家层面给予政策、法律、项目、机构等多方面的支持和协调,进而加快提高中国在未来全球统一碳定价体系的参与度与竞争力。例如,上海亟需争取国家级绿色金融改革示范区的落地与建成①,以加大碳金融市场的推广和应用,在国家战略的支持下积极建立碳信息披露平台,推动碳金融参与主体、市场规则、数据体系的完善。

(二)构建具有国际影响力的碳市场

一是完善全国碳市场、加快与各地方碳市场协同发展。探索全国碳市场和区域碳市场之间的联系与碳配额交易,包括碳交易市场的总量设定、交易和结转等制度规则的兼容。此外,全国碳市场和区域碳市场之间的联系还可以在 MRV 碳排放数据方面做得较好的区域碳市场开始,并逐步扩大到符合排放数据要求的其他区域碳市场。在覆盖范围方面,由电力行业逐步扩展至钢铁、石化、建筑等高能耗行业,增强市场流动性;在碳配额方面,细化碳配额分配方案,结合减排目标与实际碳排放水平设定碳配额总量;有序做好地方碳市场在总量控制、配额拍卖、碳价机制、碳金融产品等方面向全国碳市场的过渡和结转。

二是制定稳定合理的碳价规则。确立公开透明的价格限定与总量限制规则,确保主管机关权限与运作的规范性;完善配额拍卖分配规则,监督和

---

① 2017 年以来,经国务院同意,中国人民银行先后指导江西、广东、贵州、新疆、甘肃六省(区)九地开展了各具特色的绿色金融改革创新试验,为我国绿色金融体系构建积累了一系列可推广、可复制的宝贵地方经验。

稳定交易市场中的碳配额流转；探索碳市场储备规则，设定严格的储备年限与程序，促进减排企业以低成本方式实现减排目标。

三是推进与国际碳市场合作交流，推动建立公正合理的碳定价机制。近期，充分发挥"一带一路"桥头堡作用，推动建立以区域政治贸易体系为依托的区域性碳市场，为我国先行先试制定碳金融国际规则探路，打破国际碳定价壁垒；远期，加强与欧、韩、日等国际碳市场合作，提高市场机制的标准化和兼容性，同各国共同建立更高流动性的全球碳市场，重塑碳定价权分配格局。

（三）打造具有国际影响力的碳金融产品及其衍生品

一是开发碳金融产品，有效配置碳资产。上海 CCER 交易量一直稳居全国首位，建议趁全国 CCER 重启之机，形成国际碳信用交易的"上海标准"。凭借"崇明世界级生态岛"的建立和上海丰富的蓝色碳汇生态系统，打造包括森林碳汇、海洋碳汇、湿地碳汇的世界级"生态碳汇中心"，考虑从方法学、项目边界、法律权利、额外性、项目期和计入期等方面探索将蓝色碳汇纳入我国自愿碳减排交易机制的法律规则。

二是设立碳期货交易所，推动碳期货及其衍生品发展。目前主要国际碳交易场所大多与既有提供金融商品的交易所具有股权或合作关系。例如，芝加哥气候交易所与伦敦国际原油交易所合作设立欧洲气候交易所，后被美国洲际交易所收购，并一跃成为全球碳交易规模最大的交易所。建议成立上海碳期货交易所，由上海期货交易所和上海环境能源交易所各持股权，相互支持和联系。

三是完善碳普惠，探索将个人碳交易纳入全国碳市场。作为上海首部绿色金融地方性法规的《上海市浦东新区绿色金融发展若干规定》明确提到，鼓励建立"个人碳账户"，并加强与全市碳普惠平台衔接。虽未明确规定个人碳交易，但随着"碳普惠""碳账户"机制的成熟，该法也将为个人碳交易纳入全国碳市场奠定重要基础。

（四）完善法律法规体系，为碳定价机制提供制度保障

一是明确碳排放配额的法律属性。将碳排放配额设定为新型财产权，有利于发挥碳市场的金融属性。首先，碳排放权具有财产权属性。因为在现行法律规定下，碳排放权的回购、转让、承继、担保融资等，均体现出该权利的财产权特征[①]，而且碳排放权的公法特征不能否认其私权本质。行政特许权说主张碳排放权形式上具备了行政许可的全部特征。例如，碳配额和减排量的核定、管理、运行等，但权利属性与是否受制于行政管理并无直接联系（倪受彬，2022），矿业权便是有力佐证。本质上讲，碳排放权是对有限环境容量的使用权，必然涉及公权力的介入，因为对碳排放权的限制和规范正是为了防止私权滥用、危害社会，维护公共利益。此外，即使国外学界主张的规制说，也实际证明了碳排放权财产权的本质。诸如空气质量的环境资产是"规制财产"或"监管财产"（regulatory property）等。管理环境资产的命令和控制制度本身构成了交易市场的组成部分。

二是完善配额总量设定和初始分配制度。在碳中和的目标下，设定将配额总量过渡到整体减排的方法，并将长期保持适度收紧的原则。具体而言，根据我国现阶段国情及经济发展形势，实行碳排放总量和碳强度"双控"，由初期免费分配逐步过渡到有偿分配，并分阶段提升有偿分配比例，确定市场稳定储备配额，调节未来碳配额的过量或不足。例如，欧盟第三阶段的减排成效与第一和第二阶段相比较，"自上而下"的上限和交易（cap-and-trade）原则对实现减排目标起到了至关重要的决定性作用。该阶段欧盟设立了市场稳定机制（MSR），并且减少配额上限，57％的配额采用拍卖分配。该阶段的计划安排大大提高了机制的公平性、透明度和有效性，提高了实现

---

① 如《深圳市碳排放权交易管理暂行办法》第24条规定：管控单位与其他单位合并的，其配额及相应的权利义务由合并后存续的单位或者新设立的单位承担；管控单位分立的，应当在分立时制定合理的配额和履约义务分割方案，并在作出分立决议之日起十五个工作日内报主管部门备案；未制定分割方案或者未按时报主管部门备案的，原管控单位的履约义务由分立后的单位共同承担。可见，碳配额被视为控排企业的资产，当企业合并或分立时，碳配额可以承继或分割。

气候政策目标的可能性，有效地促进了低碳技术的创新。

三是健全碳信息披露制度。碳数据质量是保证碳交易制度顺利进行的重要环境，碳信息披露是确保碳数据质量的重要制度。目前，国际社会都开始注重对碳信息披露制定的规制与完善。例如 2021 年 6 月 16 日，美国众议院通过了《公司治理改进和投资者保护法案》(Corporate Governance Improvement and Investor Protection Act)，该法案要求美国证券交易委员会(SEC)颁布有关气候和其他 ESG 问题的公司披露规则。该法案旨在通过修订《1934 年证券交易法》来规范公司的信息披露，将建立一个永久性的咨询委员会，要求上市公司披露碳排放等指标如何影响其商业战略。独立的第三方核查机构将完善相关追踪和报告系统，防范数据造假及碳泄露，实现碳市场履约核查的规范化，提高市场运行程序的透明度。虽然该法案尚未正式通过，但可看出美国对碳数据规制的雄心和勇气。我国也应出台相关立法，对碳数据质量以及碳信息披露等作出明确规定。

四是完善《期货与衍生品法》。目前该法尚未将碳排放配额、核证自愿减排量等碳交易基础商品的金融衍生品纳入其中。因此，可考虑通过司法解释的方式，将碳配额、碳信用等为基础的碳期货等金融衍生品包含在该法的调整范围中。另外，也可以通过完善《碳排放权交易管理暂行条例》明确碳期货相关的重要法律问题。例如，通过明确碳交易的财产权法律属性确定碳期货的法律性质、规定生态环境主管部门和金融监管机构作为共同监管主体，以及允许上海期货交易所和上海环境能源交易所各持股权的方式共同建立碳期货交易场所，以解决其法律适用依据不足的问题。

第五节　推进上海建立生态保护补偿之
生态文化保障机制

现实中讨论并逐渐构建起来的"生态保护补偿机制"，涉及一系列理论层面上的问题。比如,为什么要进行补偿? 谁应该是被补偿的对象? 这种补偿政策的学理性、合法性究竟在什么地方? 除了理论层面上的理由,同样重要的是现实生活中所提供的凭据,即生态文化在全社会的普及和应用。通过在全社会生态文化的推进和建设,促进社会公众"自下而上"形成一种主动理解、践行并积极推动生态保护补偿机制的社会文化和风气,以推动"美丽中国"建设。

"文化关乎国本、国运。"党的二十大报告明确指出,"中国式现代化是人与自然和谐共生的现代化",习近平总书记强调,生态文化"把天地人统一起来、把自然生态同人类文明联系起来","要加强生态文化建设,在全社会确立起追求人与自然和谐相处的生态价值观"。生态文化是中国特色社会主义文化的重要组成部分,要"加快解决历史交汇期的生态环境问题,必须加快建立健全以生态价值观念为准则的生态文化体系"。中华民族的永续发展离不开习近平生态文明思想的理论指导。

具言之,生态文化是社会发展到一定阶段的产物,特指人类在实践活动中以"尊重自然""人与自然和谐"的价值观引导保护生态环境、追求生态平衡的一切活动。发展生态文化,有利于提升以低碳、绿色和可持续为核心的城市软实力。文化可以提升城市形象,强化城市的影响力和吸引力。城市生态文化,是城市基于人文地理条件、在城市建筑、硬件设施等物质载体中形成与发展起来的,体现人与自然和谐相处的文化形态,是人与自然和谐的生态文明价值观在城市规划、建设和发展过程中的深入贯彻和成果集中体现,是新时期美丽城市建设的重要载体和重要使命。城市生态文化涵盖范围广泛,包括精神、物质、行为和制度四个层面,是一种逐层递进、相互融合的关系,是功能上相互依赖、互相补充,各种元素集结而成的功能系统。生态文化内涵的丰富和完善,对于生态保护补偿制度的提升起到重要促进和推动作用。

一、生态文化推动生态保护补偿制度完善的作用机制

文化不仅是国家软实力的重要组成部分,而且越来越成为区域竞争力的重要维度。文化是城市发展的灵魂,是衡量一个城市国际化、现代化程度的重要标志。生态文化是先进文化的主流方向,也是上海建设"卓越的全球城市"的独特优势和必要条件。

(一) 生态精神文化,丰富生态保护补偿制度的精神内核

生态精神文化,是人类对生态的认识、情感的总和,是生态文化的精神内核。生态文化源远流长,博大精深。因为生态文化的源头活水,来源于传承数千年的中华优秀传统文化,而且至今仍那样鲜活地成为当代人认识与处理天人关系的道德规范与行为准则,生态哲学作为生态精神文化的重要表现形式,对生态文化的全面发展具有重要指引。中西文化渊源和背景对生态哲学的产生影响重大,从 19 世纪下半叶《瓦尔登湖》(梭罗,2013)、《人与自然》(George et al.,1864)的出版,到 20 世纪中后期《沙乡年鉴》(利奥波德,2014)《寂静的春天》(卡逊,2011)《增长的极限》(梅多斯等,2013)的问世,均体现了西方生态哲学对生态环境向度的思考以及对原生态自然生态环境的理解与尊重。中国传统文化中的生态智慧为生态精神文化的发展提供重要底蕴。例如,道家的"道法自然""自然无为",体现人类应当敬畏自然、尊重自然,不能肆意妄为、与自然对立;佛家的"众生平等""中道缘起",倡导一种敬畏生命、善待万物的思想和理念。

生态文化的精神内核,也是城市精神和城市品格等城市软实力的核心要素,而这需要深厚的历史积淀和丰富的文化涵养。每个城市的生态精神文化,应当是该城市本身的精神文化与"人与自然和谐相处"等生态文明理念的高度融合与统一。由于每个城市的不同文化特色和自然地理环境,造就了城市独特的生态文化。这种城市生态文化的独特性,正是源于城市历史文化所凝练出的城市精神与核心价值。正如上海生态文化,就是源于上

海的"海派文化""江南文化""红色文化"精神,并将"开放、创新、包容"的上海城市品格深刻植入上海生态文化的建设,进而增加城市的精神价值,丰富市场化生态保护补偿生态文化层面的精神内核。

(二)生态行为文化,奠定生态保护补偿的公众参与基础

生态文化的行为层次,是人类创造生态物质文化的过程,包括生产或消费的过程。生态精神文化最终要通过人类实际行动,即生态行为真正促进人与自然和谐。生态行为文化主体包括企业和公民。企业创造物质财富,为消费者提供符合其需求的产品,同时在进行生产活动时做好环境保护、节约能源,形成可持续的发展模式,这样才能实现其健康持续发展。公民个人可以通过绿色出行、节约能源、积极参与环保公益活动等方式践行生态文化理念。

生态文化有助于提升城市活力和吸引力,可以通过绿色低碳为代表的文化产业激发城市创新能力和可持续发展能力。同时,市民的行为与素养也是生态保护补偿公共参与机制的又一重要构成要素。城市形象可以通过建筑风格、硬件设施等静态形象展现,也可以通过市民的言谈举止、文化涵养等呈现。而生态行为文化中的绿色出行、低碳环保、节约资源、垃圾分类和回收利用等,无疑成为塑造和传播城市生态文化的重要途径,进而提升城市生态补偿的公众参与基础,成为外界口口相传的"城市故事",对于城市市民而言,有助于促进居民的沟通与融合,强化城市的归属感、认同感和自豪感,进而提升在市场化生态保护补偿中的市民形象和公共参与基础。

(三)生态制度文化,提升生态保护补偿制度的善治效能

生态文化的制度层次,是指与生态环境保护和生态文化建设相关的所有法律、法规、政策和规划等的总和。城市生态制度文化,是用绿色低碳理念指导各项法规、政策和制度的发展与健全,将可持续发展理念贯穿到城市发展相关制度制定和完善的全过程。

制度文化可以产生善治效能。城市生态制度文化,就是反映当代生态

学新理论、新理念,旨在保护和改善城市生态环境,维护城市生态平衡和生态安全,着力通过城市高效的自然资源管理方式,为推动城市高质量发展、创造高品质生活的总称。城市生态制度文化由于坚持"以人为本,以自然为根,以人与自然和谐及人与人和谐"的理念,为绿色、低碳、宜居和美丽城市的建设提供法规、政策等方面的制度保障,并在城市生态治理中,法制健全、信息透明、政府廉洁高效、执法公平,使该城市具有良好的对外声誉和影响力,进而在推动市场化生态保护补偿制度的过程中,可以提升谈判效率,增强城市生态保护补偿落实的公信力。

(四) 生态物质文化,增强生态保护补偿制度的多样载体

生态文化的物质层次是指生态精神文化、生态制度文化通过一定的生态行为文化作用于自然生态系统的物质成果,是各种生态文化的物质载体,包括融入人类情感和生态关怀的古树、森林、自然保护区和公园等生态文化物质产品。生态文化不仅受城市经济和物质文化发展水平和速度的影响,还受自然地理环境的制约。例如,中国东部与西部、南方与北方,由于自然资源禀赋和地理气候条件的差异,不同城市和区域具有不同的物质文化载体,因此不同地区或城市具有不同的生态物质文化。

城市生态物质文化,对于塑造城市景观风貌特色和丰富居民生活体验,进而增强区域间生态保护补偿的多样性基础都至关重要。同时,城市生态物质文化是形成城市独特魅力的重要因素。生态文化源于城市文化,城市自然环境和气候条件塑造了具有地域特色的文化和价值观念。在进行区域间生态保护补偿协商时,不同城市不同区域的生态物质文化,也为生态保护补偿的协商谈判奠定重要基础,根据不同城市的生态物质文化提供了更多形式的物质基础。

二、上海生态文化推动生态保护补偿建设进展及挑战

上海生态文化是以人与自然和谐相处为理念,融合上海文化特点,体现

上海城市精神,传承上海城市品格的更高层次的文化形态。

(一) 上海生态文化建设概览

近年来,上海始终致力于从精神、物质、行为、制度等方面着力提升城市软实力,全力建设具有全球影响力的、卓越的"生态之城"。由于生态文化建设在提升城市软实力的精神内核、市民形象、善治效能和生活体验等方面意义重大,上海在推进城市生态文化建设方面也是卓有成效。

1. 上海生态精神文化底蕴深厚

上海的文化是由特定的历史发展和地域环境所决定,历经三次文化大融合,分别是"江南文化""海派文化"和"红色文化"。上海在传统"江南文化"的基础上传承红色基因、兼容并蓄、砥砺奋进、引领时尚,崛起为现代化都市,并向建设"卓越的全球城市"迈进。

上海生态精神文化体现在城市生态化理念与上海城市精神的结合。首先,杨浦滨江工业遗址改造体现上海"红色生态文化"精神。百年杨浦滨江见证了上海工业乃至我国近代工业的发展历程,其中遗址很多都是当时的"中国最早""远东最大"。此外,众多工业遗址也是中国红色文化发祥地,是中国工人运动发轫地,传承了上海的红色基因与不懈努力、勇于斗争的城市精神。例如,杨树浦滨江发掘百年工业发展、红色基因传承的文化特质,打造爱国主义教育基地和东外滩滨江高端现代服务业集聚区。同时,以科普展陈内容和丰富的艺术互动体验,展现人与自然和谐共生的城市空间,成为集红色文化、海派文化、生态文化于一体的新地标,完成从工业"锈带"到生活"秀带"的华丽转变。

其次,上海"一江一河"建设,体现"江南生态文化精神"。水自古以来与江南文化密不可分,水文化是江南文化的灵魂、血液和细胞,上海也是因水而建、因水而兴。因此,顺应和保护城市自然生态脉络,成为提升生态软实力和文化魅力的必然选择。为此,上海发布《上海市"一江一河"发展"十四五"规划》,根据"一江一河"两岸具体特色,分别打造滨水公共空间、核心功能承载地和滨水示范区等重要生态文化载体。目前,已基本建成多元功能复合、生态效益最大化的绿色城区。

最后,上海海派古典园林体现"海派生态文化精神"。"海派园林",指在空间生成上与文学诗画紧密关联,体现文化审美情趣,并在建筑布局方式、景观植物的选取方面均与当地气候相适应的兼具中西特色的园林。上海海派古典园林,不仅能带来流连忘返令人愉悦的空间体验与文化审美趣味,唤起记忆深处的文化归属感与情感认同。上海古典海派园林,以明代的豫园、古猗园、秋霞圃和清代的曲水园、醉白池五大名园为代表(见表 4.10)。目前,上海海派园林已成为上海绿地景观和生态旅游的一大特色,一批大公园和绿地充分显示海派生态文化精神,中西巧妙结合的精美设计,为建设更加宜居的生态城市,以增强城市吸引力提供重要基础。

表 4.10　上海海派古典园林基本信息

序号	园名	始建年代	现有面积	园名来源
1	古漪园	1522—1620 年	27 亩	《诗经》绿竹猗猗
2	秋霞圃	1522—1566 年	45.36 亩	王勃《滕王阁序》
3	曲水园	1745 年	72 亩	《兰亭集序》"曲水流觞"
4	豫园	1559 年	30 亩	"豫悦老亲"
5	醉白池	1650 年	76 亩	苏轼《醉白堂记》

资料来源:杜力《传统园林文学物象的视觉认知解析》,上海交通大学 2017 年硕士学位论文。

此外,长三角地区生态文化建设和发展可谓一脉形成。长三角三省一市拥有江南文化和红色文化的共同积淀。首先,"应水而生"是长三角地区共有的自然印记;其次,江南古典园林也是苏杭等长三角地区的重要旅游景点,共同的文化审美情趣和情感认同也是该区域协同立法的重要基础;最后,红色文化更是该地区重要的文化信仰,上海中共一大会址和浙江嘉兴南湖红船共同传承着不忘初心、牢记使命、艰苦奋斗、继续前行的"红色基因"。

2. 上海生态行为文化全国领先

上海精细的文化契合于近现代城市运行方式,渗透于城市生产生活的各个领域,使得上海在居民和企业生态行为文化方面树立典范。首先,上海垃圾分类引领全国生态文化新风尚。垃圾分类投放是居民生态行为文化的重要表现,也是促进经济社会可持续发展的重要途径。自 2019 年 7 月上海实施《生活垃圾管理条例》以来,垃圾分类实效显著提升,垃圾处置能力也不断完善,生活垃圾无害化处理和湿垃圾处理能力分别为 4.2 万吨/日和 0.7 万吨/日。[①]同时,上海借助大数据发展优势,开发垃圾分类查询平台,助力垃圾分类生态文化行为的管理和推进。此外,上海还建立垃圾分类及绿色账户,累计覆盖 640 余万户居民。

其次,上海绿色出行体系健全。上海是鼓励新能源汽车发展的标杆城市,对新能源汽车的友好态度毋庸置疑。近年来,上海新能源汽车保有量和充电桩数量一直都在逐年上升(见图 4.7)。自 2018 年 2 月,上海开始实施

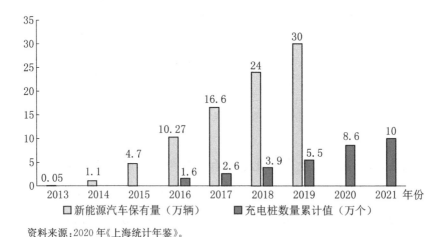

资料来源:2020 年《上海统计年鉴》。

图 4.7 上海历年新能源汽车保有量及充电桩数量

① 数据来源:《2020 年上海环境质量公报》。

新能源汽车牌照免费发放制度以来，上海新能源汽车的发展进入新阶段，无论是新能源汽车的产品创新、绿色金融支持、智能研发与制造还是市场占有量，均位居全国前列。另外，上海也大力支持氢能源汽车的发展，制定多项政策措施，进一步明确了氢能源发展中的费用减免、资金补贴和人才引进扶持政策。

最后，绿色消费。绿色消费作为一种与时俱进的消费理念，被赋予了丰富的消费文化内涵、人文价值与自然意识。上海通过开展多项环境保护活动积极倡导绿色消费。例如，支付宝推出的蚂蚁森林，旨在鼓励社会大众选择绿色生活方式，其碳减排量被计算为虚拟的"绿色能量"，进而养成一棵真实的树。根据支付宝公布的数据，上海市用户在蚂蚁森林种树参与者位居全国前列。另外，上海"爱回收"秉承"让弃之不用都物尽其用"的理念，对各类可回收物品进行智能分类回收，并且制定积分奖励机制以鼓励更多人参与。此外，上海作为咖啡文化盛行的国际大都市，在生态行为文化践行方面也走在前列。例如，作为上海本土咖啡潮牌的"Manner Coffee"也积极推行绿色消费理念，明确规定"自带杯（一次性除外）减 5 元"。最后，上海正在筹备"碳普惠"工作，通过制定明确的核算方式，将市民的低碳行为转化为"碳积分"，与各大银行合作，建立个人碳信用机制，并在用户的贷款额度和利息方面有所优惠，或者与上海碳交易所对接，让市民通过绿色低碳行为获得更多实惠。

3. 上海生态制度文化繁荣发达

2020 年，上海提出建设"人人都能享有品质生活的城市"。在全面提升上海城市软实力的文件中，明确提到"让法治名片更加闪亮"。因此，上海生态文化制度以体现"人民性"为根本出发点，谱写生态优先绿色发展新篇章。在城市顶层设计方面，提出建设"生态之城""人文之城""创新之城"，为上海生态文化制度建设和城市软实力提升提供明确指引。同时，上海每三年发布一次"生态环境保护和建设三年行动计划"，根据新情况、针对新问题及时制定和调整生态环境保护与生态文化建设方案。2021 年，上海市在生态环境保护和绿色低碳发展方面出台《关于加快建立健全绿色低碳循环发展经济体系的实施方案》《上海市城市管理精细化"十四五"规划》《上海市生态环境保护"十四五"规划》等重要制度规划和顶层设计,也为生态文化建设提供重要制度保障。

首先,在生态精神文化制度建设方面,上海出台多项政策文件为生态文化建设提供制度保障。例如,通过制定《"一江一河"发展"十四五"规划》体现"江南生态精神文化",制定《中共上海市委关于厚植城市精神彰显城市品格 全面提升上海城市软实力的意见》,以明确上海文化、上海城市精神及上海品格,为上海生态精神文化的建设和发展提供重要依据和参考。

其次,在对生态行为文化的倡导方面,创新制定相关政策文件,积极引导市民建立绿色、低碳生活新风尚。例如,在生活垃圾分类方面,制定最严《上海市生活垃圾管理条例》,条例实施两年多来,在市民共同努力下,全市垃圾分类取得了明显成效。在对宁静生活的倡导方面,制定《上海市固定源噪声污染控制管理办法》(2002)、《关于加强社会噪声管理的通知》(2010)以及《上海市社会生活噪声污染防治办法》(2013),对商业活动、公园绿地等特定公共场所、住宅、家庭装修、学校等环境和场所的噪声管控制定明确要求,并对违反噪声污染防治规定的规定明确的形成出发措施。在绿色出行方面,对新能源汽车、燃料电池产业、氢燃料汽车的发展等分别制定计划、政策和规划,为居民绿色出行提供政策扶持和制度保障。①

最后,生态物质文化方面,上海也发布了诸多政策法规。例如,在景观廊道建设方面,发布《"一纵两横"景观生态廊道规划》(2005);在崇明生态岛的建设方面,发布《崇明东滩鸟类自然保护区管理办法》(2003)、《崇明世界级生态岛发展"十三五"规划》(2017),规定生态补偿和生物多样性保护等制度,为崇明世界级生态岛建设提供顶层设计;在自然保护区方面,发布《上海市九段沙湿地自然保护区管理办法》(2003)、《长三角近岸海域海洋生态建

---

① 参见《加快新能源汽车产业发展实施计划(2021—2025年)》《关于支持本市燃料电池汽车产业发展若干政策》(2021)、《临港新片区氢燃料电池汽车产业发展规划》(2021)。

设行动计划》(2003)，规定湿地和近海海域相关制度；在绿色建筑方面，发布
《上海市建筑玻璃幕墙管理办法》(2012)、《上海市绿色建筑管理办法》
(2021)，对绿色建筑标准、标识、等级和评估等进行明确规定。

　　4. 上海生态物质文化日益丰富

　　生态物质文化作为生态文化建设的重要载体，是城市生态环境建设的
重要体现，也是提升城市生态软实力的重要途径。首先，上海城市绿地和公
园数量逐年增多(见图 4.8)。在公园绿地建设方面，上海正不断完善公园体
系，公园数量由 1990 年的 35 个增加至 2021 年的 438 座，其中郊野公园 8
座，还有 13 座郊野公园正在规划建设中。上海各大公园的免票制度，也为
社会公众尤其是少年儿童生态文化的培养和熏陶起到重要作用。根据上海
市绿化和市容管理局发布，截至 2022 年 1 月 1 日，上海 438 座城市公园中，
仅剩 13 座收费公园。从自然保护地构成来看，上海市形成了相对完善的自
然保护地体系，共有各类自然保护地 11 处，不断强化上海生态之城的重要
载体，筑牢生态安全屏障。

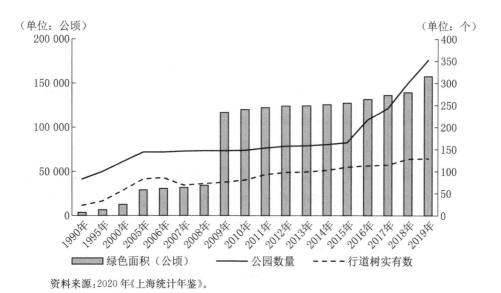

资料来源：2020 年《上海统计年鉴》。

图 4.8　上海历年城市绿地、公园数量和行道树数量

其次,绿色低碳建筑。根据碳排放来源数据统计,建筑是城市碳排放的主要来源。城市绿色低碳建筑不仅体现在对新建建筑绿色建材、绿色标准以及全生命周期的绿色评估上,而且还体现在城市更新过程中对老旧建筑的绿色改造和修缮。近年来,上海积极探索建筑业绿色低碳化融合发展。截至2020年底,全市累计获得绿色建筑标识的项目总数量874个,建筑面积8 051万平方米。

最后,湿地保护实践。上海位于长江入海口,拥有丰富的湿地资源。2017年12月上海已正式出台了《上海市湿地保护修复制度实施方案》,该方案在坚持湿地生态系统全面保护及加强生态修复等方面作用显著。根据上海市绿化和市容管理局统计数据,自2019年开始,上海共设立13个湿地保护区,分别位于宝山、崇明、奉贤、金山、青浦、浦东新区,保护面积共计12.14万公顷。

(二) 上海生态文化建设面临的挑战

1. 上海生态精神文化范围仍需拓展

虽然上海文化和上海城市精神在生态环境保护和建设中得到一定程度的融合与渗透,但仍有待拓展和深化。一是上海并未明确规定其生态文化的内容,对于生态精神文化方面的强调和关注仍有待加强。例如,作为上海江南文化精神重要载体的水文化,还未受到足够重视,导致上海的黑臭水体整治仍有待提高、河湖水生态系统仍比较脆弱、富营养化问题较为严重、饮用水水质不高以及水环境质量亟须改善等问题。二是生态精神文化表现形式亟待丰富。生态精神文化包括生态哲学、生态美学和生态文学等方面内容,上海作为国际文化大都市,在有关生态文学和生态艺术等方面仍有待探索和提高,尤其是有关生态文学方面有影响力的代表作的创作和推广。

2. 上海生态行为文化氛围还需倡导

发展生态行为文化可以通过各种节能环保、绿色低碳的生态行为促进人与自然和谐,生态行为文化的发展需要社会公众的共同参与。尽管上海生态行为文化发展取得了一定成果,但是对标国际全球城市,仍有一定提升空间。一是企业绿色生产层面,有关企业社会责任的承担仍有待提高。企业在研发、设计、生产和制造等全过程的绿色低碳行为,对循环经济发展和绿色低碳社会构建意义重大。其中ESG信息披露是重要的企业社会责任承担方式之一,但是根据Wind数据库,上海ESG信息披露情况并非位于前列(李海棠等,2021)。此外,企业还应当在环境治理等方面承担一定社会责任,但是目前上海乃至我国的诸多企业在该方面仍有很大提升空间。二是个人绿色消费层面,上海仍然存在居民垃圾分类成效有所反弹以及不同空间区域垃圾分类执行成效有所不同的现象(邵帅,2021)。故应持续加大生态行为文化"线上"+"线下"的宣传力度,进一步引导全社会树立牢固的生态文化观和生态价值观。

3. 上海生态制度文化供给还需加强

上海生态环境治理虽然在生态环境综合治理、生态环境协同保护及环境保护制度的实施等方面取得显著成效,但距离建设成为"卓越的全球城市"还有一定距离。例如,在生态行为文化制度建设方面,尤其在绿色生活领域,围绕绿色生产、绿色消费、低碳生活等方面法律法规和政策供给存在不足,未能制定最严格的生态环境准入标准和保护举措。二是资源高效利用制度的不全面,造成自然资源的过度消耗与严重损害。建立健全覆盖领域广泛、全面的资源高效利用制度,成为推动绿色生活方式实现的迫切需要(戴亚超和夏从亚,2020)。三是以国家公园为主体的自然保护地体系建设的相关法规制度建设尚付阙如。虽然2019年,国家层面出台了《建立以国家公园为主体的自然保护地体系的指导意见》,但是目前从中央到地方都缺乏明确的法律规制和实施细则,上海作为生态城市建设的先行者,理应在公园体系法规建设方面引领和创新。

4. 上海生态物质文化质量有待提高

目前,上海生态物质文化建设对标全球城市以及上海提升城市软实力的发展要求,仍有较大差距。一是人均绿地面积有待增加。人均绿地面积是推动上海生态之城建设的重要体现之一。虽然上海一直在着力进行城市绿化、公园扩建和自然保护地恢复等方面建设,也取得了可喜成效,但是与国内其他一线城市相比,上海超大城市人口规模导致人均绿地面积相对较少(见表4.11)。二是在水环境方面仍有待改善。水,对于上海城市的发展意义重大,水生态也是上海生态物质文化的重要载体之一。经过多年水环境治理,上海已基本消除劣五类水体,但是目前河湖水生态系统仍然较为脆弱,水体富营养化问题仍然存在。三是上海缺乏典型性的生态物质文化地标。城市生态文化地标,不仅是城市生态物质文化的重要载体,也是城市提升自身魅力和吸引力的重要形象展示。世界各大全球城市,大多具有生态文化地标,例如纽约中央公园、巴黎塞纳河、东京富士山、伦敦城市森林等。上海无论在国家公园、绿化廊道、湿地保护、流域建设以及城市森林等方面,都难以找到可以称之为"地标"的生态文化载体。尽管目前在规划和打造"一江一河"生态廊道,但是基于相对脆弱的生态系统和基础欠佳的水环境,仍有很多方面亟待完善。

表 4.11　2020 年国内大中城市园林绿色指标对比

城市	建成区绿化覆盖(%)	建成区绿地率(%)	人均公园绿地面积(m²)
北京	48.44	46.98	16.40
上海	36.84	35.31	8.73
广州	45.50	39.91	23.72
深圳	43.38	37.36	15.00

资料来源:深圳市城市管理和综合执法局。

三、上海生态文化推动生态保护补偿建设的对策建议

生态文化不仅有助于提高上海人民的生态科学知识和生态道德意识,

弘扬上海城市精神,而且有助于先进文化的创新发展,为全国生态文化发展和建设做出表率和示范。同时,生态文化建设也是一项系统工程,涉及诸多方面内容。为加快生态文化建设,大力推动上海"生态之城""人文之城""创新之城"建设,必须在科技、管理、宣传和制度等方面尽快建立有利的保障体系。

（一）宣传教育丰富生态精神文化建设

上海城市生态精神文化的丰富,亟需搭建公众参与平台,健全信息公开制度,鼓励社会积极参与规划编制、实施、监督和后评估工作。充分利用新闻媒体进行宣传,做好典型案例的报道与经验推广。另外,还可以将生态文化纳入生态文明教育规划方案,在组织机构、发展政策、科技支持、资金投入等方面建立和完善配套措施,切实保障生态文化教育的健康有序发展,加强对中小学生的生态文化教育,培养生态文化素养,通过形式多样的宣传,引导公众积极参与生态环境保护工作。

（二）公众参与提升生态行为文化建设

上海生态行为文化的提升需要全市居民的共同参与,积极参与需要多方面提供支持和保障。一是信息公开,保障公民环境信息知情权。其中环境信息包括生态环境保护法规政策、政府部门环境执法管理、生态环境状况和环境科学知识等。此外,还包括重大环境决策听证会、报告会的参与权等。二是完善政府反馈机制。生态保护公众参与的结果是公众希望得到及时、认真的反馈,进而激励和保障更高效的公众参与。如果仅仅是形式主义的征求意见和信息公开,对公众意见置之不理或未及时回复,只能将公众参与制度束之高阁。因此,建立应当建立明确的政府职能分工体系、立体化的信息反馈制度并加强行政问责,进而激励公众参与生态文化建设的热情,提升城市生态文化建设的成效。三是鼓励社会组织参与。鼓励企业积极承担环境社会责任,依法依规提供环保公益活动资金支持和媒体宣传。健全环保公益组织法律制度和资金保障,激励环保公益组织在生态环境保护和恢复方面发挥更大作用。

(三) 法规政策促进生态制度文化建设

生态法规政策的建立和完善可以为生态制度文化的发展提供重要保障。针对上海目前环境法治建设存在的问题,应当大力加强公园、湿地、水资源、生态公益林、野生动物、古树名木和自然保护区、风景名胜区等所有核心资源的生态保护立法,大幅提高违法成本,严格约束开发行为;推动生态补偿、林权管理、资源管护、绿色投融资等先行政策逐步法定化。同时,完善全市园林绿化资源生态监测网络,加强生态定位站建设,建立覆盖所有园林的调查制度。另外,建立生态风险评估制度,对影响生态系统和生物多样性的建设项目,进行严格的环境影响和风险评估。最后,建立健全生态文化资源保护开发的法规规章,尽快出台《上海市生态文化资源保护和产业开发条例》等相关法规政策,用立法来规范生态文化建设中的各种行为和活动,促进上海生态文化向更好水平发展。

(四) 数字科技助力生态物质文化建设

建立将数字科技和生态创新相结合的技术创新机制,以引导技术创新朝着有利于生态资源的合理开发及其与人类活动之间可循环的方向协调发展。数字科技在以下方面助力生态物质文化建设。一是数字科技可以尽可能减少对生态资源的使用和能源消耗。二是数字科技可以多层次地利用自然资源进行生产,既提高了自然资源的单位产值,也减少了碳排放。另外,还应从全生命周期的角度,考虑对生态环境的影响,以使其符合生态文明和生态文化建设的要求。就具体领域而言,一是加大对流域治理、生态恢复等相关领域的核心技术研发力度;二是加大对有历史人文底蕴和背景的古树、森林等保护的技术研发;三是运用区块链、元宇宙等新兴科技对城市公园、森林建设等在保护原有生态价值的基础上,增加更多虚拟与现实结合的科技体验,增强现代智慧城市的生态文化理念,进一步提升城市吸引力和软实力。

参考文献

一、中文文献

［英］阿瑟·塞西尔·庇古：《社会主义和资本主义的比较》，谨斋译，商务印书馆2014年版。

［英］安东尼·吉登斯：《失控的世界：风险社会的肇始》，周红云译，江西人民出版社2001年版。

［美］奥尔多·利奥波德：《沙乡年鉴》，王铁铭译，广西师范大学出版社2014年版。

［美］巴里·菲尔德：《环境经济学》，原毅军译，中国财政经济出版社2006年版。

白暴力、程艳敏、白瑞雪：《新时代中国特色社会主义生态经济理论及其实践指引——绿色低碳发展助力我国"碳达峰、碳中和"战略实施》，《河北经贸大学学报》2021年第4期。

蔡卫星、林航宇、林卓霖：《中国共产党百年金融思想研究》，《广东财经大学学报》2021年第6期。

曹莉萍、周冯琦、吴蒙：《基于城市群的流域生态补偿机制研究——以长江流域为例》，《生态学报》2019年第1期。

曹明德：《对建立生态保护补偿法律机制的再思考》，《中国地质大学学报（社会科学版）》2010年第5期。

曹明德等：《建立健全资源有偿使用制度和生态补偿制度研究》，中国法制出版社2021年版。

车东晟：《〈黄河保护法〉中生态保护补偿的制度逻辑与实践展开》，《环境保护》2022年第24期。

陈波：《绿色金融标准的法治转型》，《东方法学》2024年第2期。

陈海嵩:《生态环境政党法治的生成及其规范化》,《法学》2019 年第 5 期。

陈华东:《区域水资源生态补偿机制研究》,经济管理出版社 2017 年版。

陈坤:《长三角跨界水污染防治法律协调机制研究》,复旦大学出版社 2014 年版。

陈璐:《政府间环境保护契约制度研究》,重庆大学 2018 年博士学位论文。

陈骁、张明:《碳排放权交易市场:国际经验、中国特色与政策建议》,《上海金融》2022 年第 9 期。

陈晓景:《中国环境法立法模式的变革——流域生态系统管理范式选择》,《甘肃社会科学》2011 年第 1 期。

陈燕玉:《新时代生态保护补偿机制市场化路径与对策》,《长沙理工大学学报(社会科学版)》2018 年第 3 期。

程翠云、李雅婷、董战峰:《打通"两山"转化通道的绿色金融机制创新研究》,《环境保护》2020 年第 12 期。

楚道文:《流域横向生态补偿制度的三重进阶》,《干旱区资源与环境》2023 年第 7 期。

崔建远:《水权转让的法律分析》,《清华大学学报(哲学社会科学版)》2002 年第 5 期。

崔莉、厉新建、程哲:《自然资源资本化实现机制研究——以南平市"生态银行"为例》,《管理世界》2019 年第 9 期。

崔如波:《建立市场化、多元化的生态保护补偿机制》,《重庆行政(公共论坛)》2017 年第 6 期。

戴胜利、李筱雅:《流域生态补偿协同共担机制的运作逻辑——以新安江流域为例》,《行政论坛》2022 年第 6 期。

戴亚超、夏从亚:《论新时代绿色生活方式的生态法治保障》,《广西社会科学》2020 年第 12 期。

[美]德内拉·梅多斯、乔根·兰德斯、丹尼斯·梅多斯:《增长的极限》,李涛、王智勇译,机械工业出版社 2013 年版。

邓纲、许恋天:《我国流域生态保护补偿的法治化路径——面向"合作与博弈"的横向府际治理》,《行政与法》2018 年第 4 期。

邓海峰:《环境容量的准物权化及其权利构成》,《中国法学》2005 年第 4 期。

邓海峰:《生态文明体制改革中自然资源资产分级行使制度研究》,《中国法学》2021 年第 2 期。

丁丁、潘方方:《论碳排放权的法律属性》,《法学杂志》2012 年第 9 期。

董战峰、璩爱玉、郝春旭等:《深化生态补偿制度改革的思路与重点任务》,《环境保护》2021 年第 21 期。

杜健勋、卿悦:《"生态银行"制度的形成、定位与展开》,《中国人口·资源与环境》2023 年第 2 期。

杜群、陈真亮:《论流域生态保护补偿"共同但有差别的责任"——基于水质目标的法律分析》,《中国地质大学学报(社会科学版)》2014 年第 1 期。

杜艳春等:《推动"两山"建设的环境经济政策着力点与建议》,《环境科学研究》2018 年第 9 期。

方国华、袁婷、林榕杰:《长江江苏段饮用水水源地生态风险评价》,《水资源保护》2018 年第 6 期。

冯辉、张艺:《生态保护补偿机制建设的法律保障——以地方政府生态补偿对赌协议为例》,《中国特色社会主义研究》2022 年第 1 期。

冯晓青:《论利益平衡原理及其在知识产权法中的适用》,《江海学刊》2007 年第 1 期。

耿翔燕、李文轩:《中国流域生态补偿研究热点及趋势展望》,《资源科学》2022 年第 1 期。

郭武、张翰林:《论生态环境损害赔偿与生态补偿的适用甄别——以流域生态保护为视角》,《云南民族大学学报(哲学社会科学版)》2021 年第 5 期。

贺海仁:《我国区域协同立法的实践样态及其法理思考》,《法律适用》2020 年第 21 期。

[美]亨利·戴维·梭罗:《瓦尔登湖》,李继宏译,天津人民出版社 2013 年版。

胡鞍钢、施祖麟、王亚华:《从东阳—义乌水权交易看我国水分配体制改革》,《经济研究参考》2002 年第 20 期。

胡静:《环境法的制度工具》,《经济师》2008 年第 1 期。

黄飞雪:《生态保护补偿的科斯与庇古手段效率分析——以园林与绿地资源为例》,《农业经济问题》2011 年第 3 期。

贾峰:《美国超级基金法研究:历史遗留污染问题的美国解决之道》,中国环境科学出版社 2015 年版。

姜明安:《行政法学概论》,山西人民出版社 1986 年版。

焦洪昌、席志文:《京津冀人大协同立法的路径》,《法学》2016 年第 3 期。

金巍、文冰:《林业碳汇的经济学分析》,《中国林业经济》2006 年第 4 期。

靳乐山、张梦瑶:《流域上下游生态补偿机制的三种模式及其比较》,《环境保护》2022年第19期。

靳利飞、周海东、刘芮琳:《适应碳达峰、碳中和目标的生态保护补偿机制研究——基于碳汇价值视角》,《中国科学院院刊》2022年第11期。

[美]R.科斯、A.阿尔钦、D.诺斯等:《财产权利与制度变迁——产权学派与新制度学派译文集》,刘守英等译,上海人民出版社2004年版。

柯坚:《我国农村饮用水安全的法律保障——以环境正义价值及其制度构建为进路的分析》,《江西社会科学》2011年第8期。

柯坚、吴凯:《新安江生态保护补偿协议:法律机制检视与实践理性透视》,《贵州大学学报(社会科学版)》2015年第2期。

蓝虹:《促进生态文明建设的绿色金融制度体系研究》,中国金融出版社2021年版。

蓝虹、杜彦霖:《自愿碳交易市场:产权量化标准与生态价值实现路径》,《改革》2024年第4期。

乐天中:《新安江流域生态保护补偿机制政策探究》,《环境保护与循环经济》2019年第8期。

雷鹏飞、孟科学:《碳金融市场发展的概念界定与影响因素研究》,《江西社会科学》2019年第11期。

[美]蕾切尔·卡逊:《寂静的春天》,吕瑞兰、李长生译,上海译文出版社2011年版。

李彩红:《基于生态产品价值核算的流域生态补偿后评价研究》,《济南大学学报(社会科学版)》2023年第2期。

李海棠:《长三角饮用水水源保护生态补偿法律形塑——以太浦河为例》,《清华法律评论》2023年第1期。

李海棠:《海岸带蓝色碳汇权利客体及其法律属性探析》,《中国地质大学学报(社会科学版)》2020年第1期。

李海棠:《全球城市环境经济政策与法规的国际比较及启示》,《浙江海洋大学学报(人文科学版)》2019年第5期。

李海棠:《他山之石:推进市场化多元化生态补偿》,《环境经济》2021年第12期。

李海棠:《碳中和背景下海岸带蓝色碳汇交易法律问题研究》,上海社会科学院出版社2022年版。

李海棠:《完善我国渔业生态补偿制度的法律思考》,《江淮论坛》2018年第1期。

李海棠：《新形势下国际气候治理体系的构建——以〈巴黎协定〉为视角》，《中国政法大学学报》2016 年第 3 期。

李海棠、周冯琦、尚勇敏：《碳达峰、碳中和视角下上海绿色金融发展存在的问题及对策建议》，《上海经济》2021 年第 6 期。

李静云：《土壤污染防治立法——国际经验与中国探索》，中国环境出版社 2013 年版。

李丽红、杨博文：《京津冀区域性碳排放权交易立法协调机制研究》，《河北法学》2016 年第 7 期。

李坦、徐帆、祁云云：《从"共饮一江水"到"共护一江水"——新安江生态补偿下农户就业与收入的变化》，《管理世界》2022 年第 11 期。

李小强：《生态保护补偿制度的肇始、演进及其未来展望》，《重庆大学学报（社会科学版）》2021 年第 2 期。

李小强、史玉成：《生态保护补偿的概念辨析与制度建设进路——以生态利益的类型化为视角》，《华北理工大学学报（社会科学版）》2019 年第 2 期。

李幸祥：《长三角区域协同立法的价值与路径选择》，《上海法学研究》集刊 2021 年第 14 卷。

李秀辉、方钦、韦森：《货币管理的历史与逻辑——一个基于货币制度史与货币思想史的回顾与展望》，《学术界》2018 年第 6 期。

廖远琴：《建立市场化多元化生态保护补偿机制》，《中国国土资源报》2018 年第 6 期。

林晓薇：《我国生态保护补偿资金市场化筹集研究》，《山西经济管理干部学院学报》2017 年第 2 期。

刘斌、孙伟军：《区域协同立法的困境及应对策略——以长三角生态绿色一体化发展示范区饮用水水源保护立法为例》，《上海法学研究》集刊 2022 年第 17 卷。

刘桂环等：《界定经济责任，建立跨省流域生态保护补偿机制》，《环境经济》2017 年第 16 期。

刘桂环、王夏晖、文一惠等：《近 20 年我国生态补偿研究进展与实践模式》，《中国环境管理》2021 年第 5 期。

刘桂环、文一惠：《新时代中国生态环境补偿政策：改革与创新》，《环境保护》2018 年第 24 期。

刘健、尤婷：《生态保护补偿的性质澄清与规范重构》，《湘潭大学学报（哲学社会科学版）》2019 年第 5 期。

刘晶、葛颜祥:《流域生态服务市场化补偿管理制度》,《长江流域资源与环境》2012 年第 8 期。

刘明明:《论构建中国用能权交易体系的制度衔接之维》,《中国人口·资源与环境》2017 年第 10 期。

刘松山:《区域协同立法的宪法法律问题》,《中国法律评论》2019 年第 4 期。

刘晓莉:《我国市场化生态补偿机制的立法问题研究》,《吉林大学社会科学学报》2019 年第 1 期。

刘晓岩、席江:《黄河水权转换工作中应重视的几个问题》,《中国水利》2006 年第 7 期。

柳荻、胡振通、靳乐山:《美国湿地缓解银行实践与中国启示:市场创建和市场运行》,《中国土地科学》2018 年第 1 期。

卢静等:《中国环境风险现状及发展趋势分析》,《环境科学与管理》2012 年第 1 期。

鲁政委、方琦:《上海亟待推进国际绿色金融中心建设》,《中国金融》2020 年第 5 期。

吕成:《水污染规制之行政合作研究》,苏州大学 2010 年博士学位论文。

马建堂:《生态产品价值实现:路径、机制与模式》,中国发展出版社 2019 年版。

马中等:《践行"绿水青山就是金山银山"就是建设生态文明》,《环境保护》2018 年第 13 期。

马中、周月秋、王文:《中国绿色金融发展研究报告(2019)》,中国金融出版社 2019 年版。

倪受彬:《碳排放权权利属性论:兼谈中国碳市场交易规则的完善》,《政治与法律》2022 年第 2 期。

倪正茂:《激励法学探析》,上海社会科学院出版社 2012 年版。

倪正茂:《论激励法的客观存在》,《上海市政法管理干部学院学报》2000 年第 1 期。

潘佳:《流域生态保护补偿的本质:民事财产权关系》,《中国地质大学学报(社会科学版)》2017 年第 3 期。

潘佳:《生态保护补偿公私协议的法律属性》,《交大法学》2022 年第 4 期。

潘佳:《生态保护补偿制度的法典化塑造》,《法学》2022 年第 4 期。

潘家华:《零碳金融助力碳中和》,《北大金融评论》2021 年第 8 期。

潘晓滨:《中国蓝碳市场建设的理论同构与法律路径》,《湖南大学学报(社会科学版）》2018 年第 1 期。

彭文英、刘丹丹、尉迟晓娟：《生命共同体理念下跨区域生态保护补偿机制构建》，《学习与探索》2021 年第 7 期。

彭文英、滕怀凯：《市场化生态保护补偿的典型模式与机制构建》，《改革》2021 年第 7 期。

齐婉婉、柯坚：《论政府在生态保护补偿制度中职能的法律属性》，《广西社会科学》2021 年第 6 期。

秦昌波、苏洁琼、王倩等：《"绿水青山就是金山银山"理论实践政策机制研究》，《环境科学研究》2018 年第 6 期。

秦鹏、李汝义：《长江流域跨区水污染的法律规制——基于现实考察与利益博弈的反思》，《西南民族大学学报（人文社会科学版）》2012 年第 11 期。

秦天宝：《跨界河流水量分配生态补偿的法理建构和实现路径——"人类命运共同体"的视角》，《环球法律评论》2021 年第 5 期。

丘水林：《生态保护红线区生态补偿利益相关者的价值取向与行为选择》，《福建论坛（人文社会科学版）》2023 年第 3 期。

丘水林、靳乐山：《生态保护红线区生态补偿：实践进展与经验启示》，《经济体制改革》2021 年第 4 期。

任世丹：《重点生态功能区生态保护补偿正当性理论新探》，《中国地质大学学报（社会科学版）》2014 年第 1 期。

邵莉莉：《跨界流域生态系统利益补偿法律机制的构建——以区域协同治理为视角》，《政治与法律》2020 年第 11 期。

邵帅：《空间视阈下城市垃圾分类执行成效研究》，《党政论坛》2021 年第 5 期。

盛春光：《中国建立碳金融市场的现状、问题及必要性》，《东北林业大学学报》2012 年第 12 期。

史璇等：《澳大利亚墨累—达令河流域水管理体制对我国的启示》，《干旱区研究》2012 年第 3 期。

史玉成：《生态环境损害赔偿制度的学理反思与法律建构》，《中州学刊》2019 年第 10 期。

史云贵、周荃：《整体性治理：梳理、反思与趋势》，《天津行政学院学报》2014 年第 5 期。

孙博文：《建立健全生态产品价值实现机制的瓶颈制约与策略选择》，《改革》2022 年第 5 期。

孙宪忠：《我国物权法中所有权体系的应然结构》，《法商研究》2002 年第 5 期。

孙永平、张欣宇：《气候俱乐部的理论内涵、运行逻辑和实践困境》，《环境经济研究》2022 年第 1 期。

孙佑海：《〈青藏高原生态保护法〉的法理阐释和核心构造》，《环境保护》2023 年第 8 期。

孙宇：《生态保护与修复视域下我国流域生态保护补偿制度研究》，吉林大学 2015 年博士学位论文。

涂永前：《碳金融的法律再造》，《中国社会科学》2012 年第 3 期。

汪劲：《中国生态保护补偿制度建设历程及展望》，《环境保护》2014 年第 5 期。

王波：《我国绿色金融发展的长效机制研究》，企业管理出版社 2019 年版。

王国刚、罗煜：《马克思的信用经济理论与构建现代信用体系》，《经济学动态》2022 年第 4 期。

王慧：《论碳排放权的特许权本质》，《法制与社会发展》2017 年第 6 期。

王慧：《水权交易的理论重塑与规则重构》，《苏州大学学报（哲学社会科学版）》2018 年第 6 期。

王家喜：《国际碳金融发展模式及其对我国碳金融发展的启示》，《商业经济研究》2017 年第 11 期。

王磊：《商法法典化法哲学基础的实证分析》，《理论界》2005 年第 11 期。

王明远：《碳排放权的准物权和发展权属性》，《中国法学》2010 年第 6 期。

王清军：《法政策学视角下的生态保护补偿立法问题研究》，《法学评论》2018 年第 4 期。

王清军：《流域生态保护补偿标准的制度研究》，《环境法评论》2019 年第 2 期。

王清军：《排污权法律属性研究》，《武汉大学学报》2010 年第 5 期。

王清军：《生态保护国家补偿责任的内涵、性质和构成》，《行政法学研究》2023 年第 4 期。

王社坤、侯善钦：《论生态保护补偿立法的三个关键问题》，《环境保护》2022 年第 19 期。

王树义：《流域管理体制研究》，《长江流域资源与环境》2000 年第 4 期。

王小龙：《排污权性质研究》，《甘肃政法学院学报》2009 年第 3 期。

王遥等：《中国地方绿色金融发展报告（2021）》，社会科学文献出版社 2021 年版。

王奕淇、李国平：《流域生态服务价值供给的补偿标准评估——以渭河流域上游为例》,《生态学报》2019 年第 1 期。

王志凤、郭忠兴:《饮用水源地生态保护补偿机制设计》,《环境保护》2013 年第 11 期。

王梓懿等:《生态补偿的价值目标:国际经验及对中国的启示》,《中国环境管理》 2021 年第 2 期。

魏丽莉、杨颖:《绿色金融:发展逻辑、理论阐释和未来展望》,《兰州大学学报(社会科学版)》2022 年第 2 期。

吴鹏:《以自然应对自然——应对气候变化视野下的生态修复法律制度研究》, 中国政法大学出版社 2014 年版。

吴青、王泊文:《关于碳期货交易相关法律问题探析》,《法律适用》2021 年第 11 期。

吴琼、邵稚权:《我国环境污染强制责任保险的法律制度困境及完善路径》,《南方金融》2020 年第 2 期。

夏勇、张彩云、寇冬雪:《跨界流域污染治理政策的效果——关于流域生态补偿政策的环境效益分析》,《南开经济研究》2023 年第 4 期。

项目综合报告编写组:《〈中国长期低碳发展战略与转型路径研究〉综合报告》, 《中国人口·资源与环境》2020 年第 11 期。

谢海燕、刘婷婷:《资源有偿使用制度和生态补偿制度现状、问题及建议》,《环境保护》2021 年第 20 期。

信春鹰主编:《中华人民共和国环境保护法释义》,法律出版社 2014 年版。

邢丽、许文、郝晓婧:《国际碳定价倡议的最新进展及相关思考》,《国际税收》 2022 年第 8 期。

胥一康:《对我国太湖流域生态保护补偿的立法思考》,中国矿业大学 2016 年博士学位论文。

鄢德奎:《生态补偿的理论澄清与制度重塑——以司法裁判的实践反思为视角》,《河北法学》2023 年第 7 期。

杨博文:《明罚敕法:碳市场数据报告责任追究的罚则设计》,《北京工业大学学报(社会科学版)》2022 年第 1 期。

杨大光、张贺、王天舒:《发展碳金融的政府支持政策的国际比较与启示》,《东北师大学报(哲学社会科学版)》2011 年第 4 期。

杨解君、黎浩田:《长三角一体化发展视域下的碳中和立法协同研究》,《南大法学》2023 年第 3 期。

杨开元等:《面向流域的饮用水水源污染防治机制改革——以长江经济带为分析对象》,《西部论坛》2018 年第 5 期。

姚遂:《中国金融思想史》,上海交通大学出版社 2012 年版。

姚兆余:《北宋货币政策发展演变述论》,《史学月刊》1994 年第 6 期。

叶维丽等:《以排污权交易市场机制推进流域多元化生态补偿研究》,《环境保护》2023 年第 5 期。

袁辉:《从内生货币到内生金融:后凯恩斯主义货币金融理论的发展与启示》,《经济学家》2021 年第 12 期。

[美]约翰·罗尔斯:《正义论》,何怀宏、何包钢、廖申白译,中国社会科学出版社 2012 年版。

岳小花:《环境法典编纂背景下区域性生态保护立法的体系化路径》,《河北法学》2022 年第 11 期。

张杰:《金融学在中国的发展:基于本土化批判吸收的西学东渐》,《经济研究》2020 年第 11 期。

张文明:《生态资源资本化研究》,人民日报出版社 2020 年版。

张希良、张达、余润心:《中国特色全国碳市场设计理论与实践》,《管理世界》2021 年第 8 期。

张颖,曹先磊:《中国自愿减排量的开发及其发展潜力的经济学研究》,世界知识出版社 2017 年版。

张振华:《"宏观"集体行动理论视野下的跨界流域合作——以漳河为个案》,《南开学报(哲学社会科学版)》2014 年第 2 期。

张震:《区域协调发展的宪法逻辑与制度完善建议》,《法学杂志》2022 年第 3 期。

张壮、赵红艳:《以生态保护补偿打通"绿水青山"向"金山银山"的转换通道——以青海省为例》,《环境保护》2021 年第 11 期。

赵晶晶、葛颜祥、李颖:《公平感知、社会信任与流域生态补偿的公众参与行为》,《中国人口·资源与环境》2023 年第 6 期。

赵雪雁、徐中民:《生态系统服务付费的研究框架与应用进展》,《中国人口·资源与环境》2009 年第 4 期。

中国银保监会政策研究局课题组、洪卫:《绿色金融理论与实践研究》,《金融监管研究》2021 年第 3 期。

周清杰、张志芳:《微观规制中的政府失灵:理论演进与现实思考》,《晋阳学刊》2017 年第 5 期。

周怡、张泽栋、马克：《碳排放权交易中心建设的国际经验与中国路径》，《西南金融》2023 年第 10 期。

朱国伟：《环境外部性的经济分析》，南京农业大学 2003 年博士学位论文。

竺乾威：《从新公共管理到整体性治理》，《中国行政管理》2008 年第 10 期。

二、英 文 文 献

Alix-Garcia, J., De Janvry, A., Sadoulet, E., 2012, "The Role of Deforestation Risk and Calibrated Compensation in Designing Payments for Environmental Services," *Environment and Development Economics*, 13(3):375—394.

Anger, N., 2008, "Emissions Trading Beyond Europe: Linking Schemes in a Post-Kyoto World," *Energy Economics*, 30, 2028—2049.

Asquith, N. M., Vargas M. T., Wunder, S., 2008, "Selling Two Environmental Services: In-kind Payments for Bird Habitat and Watershed Protection in Los Negros, Bolivia," *Ecological Economics*, 65(4):675—684.

Banerjee, O., 2013, "Incentives for Ecosystem Service Supply in Australia's Murray—Darling Basin," *International Journal of Water Resources Development*, 29(4):544—556.

Barlow, J., et al., 2012, "The Critical Importance of Considering Fire in REDD+ Programs," *Biological Conservation*, 154, 1—8.

Bayraktarov, E., et al., 2016, "The Cost and Feasibility of Marine Coastal Restoration," *Ecological Applications*, 26(4), 1055—1074.

Bell, J., 2014, Legal Frameworks for Unique Ecosystems—How Can the EPBC Act Offsets Policy Address the Impact of Development on Seagrass? *Environmental and Planning Law Journal*, 31, 34—46.

Bhatta, L. D., van Oort, B. E. H., Rucevska, I., & Baral, H., 2014, "Payment for Ecosystem Services: Possible Instrument for Managing Ecosystem Services in Nepal," *International Journal of Biodiversity Science*, *Ecosystem Services & Management*, 10(4), 289—299.

Borner, J., et al., 2010, "Direct Conservation Payments in the Brazilian Amazon: Scope and Equity Implications", *Ecological Economics*, 69(6):1272—1282.

Burden, A., et al., 2013, "Carbon Sequestration and Biogeochemical Cycling in a Saltmarsh Subject to Coastal Managed Realignment," *Estuarine, Coastal and Shelf Science*, 120, 12—20.

Carabelli, A. M., Cedrini, M. A., 2014, "Keynes's General Theory, Treatise on Money and Tract on Monetary Reform: Different Theories, Same Methodological Approach?" *The European Journal of the History of Economic Thought*, 21(6), 1060—1084.

Casey, F., Boody. G., 2007, "An Assessment of Performance-based Indicators and Payments for Resource Conservation on Agricultural Lands." *Report for the Multiple Benefits of Agriculture Initiative*, Conservation Economics White Paper 8, Defenders of Wildlife, Washington D.C.

Chen, X. D., Lu, P. F., Vina, A., et al., 2010, "Using Cost-effective Targeting to Enhance the Efficiency of Conservation Investments in Payments for Ecosystem Services," *Conservation Biology*, 24(6):1469—1478.

Cheng, Y., 2022, "Carbon Derivatives-Directed International Supervision Laws and Regulations and Carbon Market Mechanism," *Sustainability*, 14, 16157.

Claes, J., Hopman, D., Jaeger, G., Rogers, M., 2022, "Blue Carbon: The Potential of Coastal and Oceanic Climate Action," *Coastal Management*, 30(3), 45—65.

Clements, T., John, A., Nielsen, K., et al., 2010, "Payments for Biodiversity Conservation in the Context of Weak Institutions: Comparison of Three Programs from Cambodia," *Ecological Economics*, 69(6):1283—1291.

Clements-Hunt, P., 2011, "Finance: Supporting the Transition to a Global Green Economy," Nairobi, Kenya: United Nations Environment Program.

Corbera, E., Soberanis, C. G., Brown, K., 2009, "Institutional Dimensions of Payments for Ecosystem Services: An Analysis of Mexico's Carbon Forestry Program," *Ecological Economics*, 68(3):743—761.

Costanza, R., et al., 1997, "The Value of the World's Ecosystem Services and Natural Capital," *Nature*, 387.6630:253—260.

Costanza, R., et al., 2014, "Changes in the Global Value of Ecosystem Services," *Global Environmental Change*, 26:152—158.

Cranford, M., Mourato, S., 2011, "Community Conservation and a Two-stage

Approach to Payments for Ecosystem Services," *Ecological Economics*, 71(15): 89—98.

Daniels, A. E., et al., 2010, "Understanding the Impacts of Costa Rica's PES: Are We Asking the Right Questions?" *Ecological Economics*, 69.11:2116—2126.

Diaz-Rainey, I., Tulloch, D.J., 2018, "Carbon Pricing and System Linking: Lessons from the New Zealand Emissions Trading Scheme," *Energy Economics* 73, 66—79.

Douvere, F., 2008, "The Importance of Marine Spatial Planning in Advancing Ecosystem-Based Sea Use Management," *Marine Policy*, 32, 762—771.

Durrant, N., 2008, "Legal Issues in Bio-sequestration: Carbon Sinks, Carbon Rights and carbon Trading," *The University of New South Wales Law Journal*, 31(3), 906—918.

Engel, S., Pagiola, S., Wunder, S., 2008, "Designing Payments for Environmental Services in Theory and Practice: An Overview of the Issues," *Ecological Economics*, 65(4), 663—674.

Farber, S. C., Costanza, R., Wilson, M. A., 2002, "Economic and Ecological Concepts for Valuing Ecosystem Services," *Ecological Economics*, 41(3):375—392.

Farley, J., Costanza, R., 2020, "Payments for Ecosystem Services: From Local to Global," *Ecological Economics*, 69(11):2060—2068.

Farnworth, E. G., Tidrick, T. H., Jordan, C. F., & Smathers, W. M., 1981, "The Value of Natural Ecosystems: An Economic and Ecological Framework", *Environmental Conservation*, 8(4), 275—282.

Ferraro, P. J., 2008, "Asymmetric Information and Contract Design for Payments for Environmental Services," *Ecological Economics*, 65(4):810—821.

Ferraro, P., Simpson, D., 2002, "The Cost-effectiveness of Conservation Payments," *Land Economics*, 78(3):339—353.

Festré, A., Eric N., 2009, "Schumpeter on Money, Banking and Finance: An Institutionalist Perspective," *The European Journal of the History of Economic Thought*, 16(2), 325—356.

Fletcher, R., Breitling, J., 2012, "Market Mechanism or Subsidy in Disguise Governing Payment for Environmental Services in Costa Rica," *Geoforum*, 43(3):

402—411.

Gaglio, M., et al., 2023, "Integrating Payment for Ecosystem Services in Protected Areas Governance: The case of the Po Delta Park," *Ecosystem Services*, 60: 101516.

Garciaa-Amado, L. R., et al., 2010, "Social Capital Network Analysis of a Forest Community in a Biosphere Reserve in Chiapas, Mexico," *Ecology and Society*, 17(3):23—38.

Genevieve, B., Alessandro, L., Franziska Ruef., 2017, "State of European Markets 2017, Watershed Investments," *Technical Report*, June.

Gretchen, D., et al., 1997, "Ecosystem Services: Benefits Supplied to Human Societies by Natural Ecosystems," *Issues in Ecology*, 1—2.

Hamilton, B., T., et al., 2007, *State of the Voluntary Carbon Market: Picking Up Steam*, Washington, Ecosystem Marketplace.

Hanlon, J. W., 2017, "Watershed Protection to Secure Ecosystem Services," *Case Studies in the Environment*, 1—6.

Hasund, K. P., 2011, "Developing Environmental Policy Indicators by Criteria-indicators on the Public Goods of the Swedish Agricultural Landscape," *Journal of Environmental Planning and Management*, 54(1):7—29.

Hawtrey, R. G., 1922, "The Genoa Resolutions on Currency," *The Economic Journal*, 127 (32):290—304.

Hecken, G. V., Bastiaensen, J., 2010, "Payments for Ecosystem Services: Justified or Not? A Political View," *Environmental Science & Policy*, 13(8):785—792.

Heyman, J., Ariely, D., 2004, "Effort for Payment: A Tale of Two Markets," *Psychological Science*, 15(11):787—793.

Hoffer, M. D., 2010, "The New York City Watershed Memorandum of Agreement: Forging a Partnership to Protect Water Quality," *University of Baltimore Journal of Environmental Law*, 18(2):113—170.

Hufbauer, G. C., et al., 2022, "EU Carbon Border Adjustment Mechanism Faces Many Challenges," *Peterson Institute for International Economics Policy Brief*, 14—22.

Jaffe, J., Matthew, R., Robert, N. S., 2009, "Linking Tradable Permit Systems: A Key Element of Emerging International Climate Policy Architecture," *Ecology Law Quarterly*, 36:789.

Kalaitzoglou, I. A., Ibrahim, B. M., 2015, "Liquidity and Resolution of Uncertainty in the European Carbon Futures Market," *International Review of Financial Analysis*, 37, 89—102.

Kemkes, R. J., Farley, J., Koliba, C. J., 2010, "Determining When Payments are an Effective Policy Approach to Ecosystem Service Provision," *Ecological Economics*, 69(11):2069—2074.

Kerr, T. M., Avendano, F., 2020, "Green Loans and Multinational Corporations," *Natural Resources & Environment*, 35(2):46—49.

Kosoy, N., Corbera, E., 2010, "Payments for Ecosystem Services as Commodity Fetishism," *Ecological Economics*, 69(6):1228—1236.

Kosoy, N., Martinez-Tuna, M., Muradian, R., et al., 2007, "Payments for Environmental Services in Watersheds: Insights from a Comparative Study of Three Cases in Central America," *Ecological Economics*, 61(3):446—455.

Landell-Mills, N., Porras, I., 2002, "Silver Bullet or Fools' Gold? A Global Review of Markets for Forest Environmental Services and Their Impact on the Poor," *International Institute for Environment and Development*, 236—250.

Leining, C., Kerr, S., Bruce-Brand, B., 2020, "The New Zealand Emissions Trading Scheme: Critical Review and Future Outlook for Three Design Innovations," *Climate Policy*, 20, 246—264.

Li, X. W., Miao, H., Z., 2022, "How to Incorporate Blue Carbon into the China Certified Emission Reductions Scheme: Legal and Policy Perspectives," *Sustainability*, 14(17):10567.

Locatelli, B., Rojas, V., Salinas, Z., 2008, "Impacts of Payments for Environmental Services on Local Development in Northern Costa Rica: A Fuzzy Multi-criteria Analysis," *Forest Policy and Economics*, 10(5):275—285.

Lv, C., Bian, B., Lee, C. C., et al., 2021, "Regional Gap and the Trend of Green Finance Development in China," *Energy Economics*, 102:105476.

Mahanty, S., Suich, H., Tacconi, L., 2013, "Access and Benefits in Payments for Environmental Services and Implications for REDD+: Lessons from Seven PES Schemes," *Land Use Policy*, 31:38—47.

Margaret, W., Yusuke, K., 2019, "Evaluating Payments for Watershed Services Programs in the United States," *Water Economics and Policy*, 5(04):1950003.

Mark, D. H., 2011, "The New York City Watershed Memorandum of Agreement: Forging a Partnership to Protect Water Quality," *University of Baltimore Journal of Environmental Law*, 18:113.

Marsh, G. Perkins., "*Man and Nature, or Physical Geography as Modified by Human Action by George P. Marsh*," Sampson Low, Son and Marston, 1864.

Martin, A., et al., 2014, "Measuring Effectiveness, Efficiency and Equity in an Experimental Payments for Ecosystem Services Trial," *Global Environmental Change*, 28:216—226.

Millennium Ecosystem Assessment(MA), 2001, *Millennium Ecosystem Assessment*, Island Press, Washington, D.C.

Miranda, M., Porras, I. T., Moreno, M. L., 2003, "The Social Impacts of Payments for Environmental Services in Costa Rica: A Quantitative Field Survey and Analysis of the Virilla Watershed," International Institute for Environment and Development.

Munoz-Pina, C., et al., 2008, "Paying for the Hydrological Services of Mexico's Forests: Analysis, Negotiations and Results," *Ecological Economics*, 65(4):725—736.

Muradian, R., Corbera, E., Pascual, U., et al., 2010, "Reconciling Theory and Practice: An Alternative Conceptual Framework for Understanding Payments for Environmental Services," *Ecological Economics*, 69(6):1202—1208.

Narassimhan, E., Koester, S., Gallagher, K. S., 2022, "Carbon Pricing in the US: Examining State-Level Policy Support and Federal Resistance." *Politics and Governance*, 10, 275—289.

Nassiry D., 2018, "The Role of Fintech in Unlocking Green Finance: Policy Insights for Developing Countries," ADBI Working Paper.

Newton, P., et al. 2012, "Consequences of Actor Level Livelihood Heterogeneity for Additionality in a Tropical Forest Payment for Environmental Services Programme with an Undifferentiated Reward Structure," *Global Environmental Change*, 22(1):127—136.

Nordhaus, W., 2021, "Dynamic Climate Clubs: On the Effectiveness of Incentives in Global Climate Agreements," *Proceedings of the National Academy of Sciences*, 118(45), e2109988118.

Norgaard, R. B., 2010, "Ecosystem Services: From Eye-opening Metaphor to Complexity Blinder," *Ecological Economics*, 69(6):1219—1227.

Ohl C, et al., 2008, "Compensation Payments for Habitat Heterogeneity: Existence, Efficiency, and Fairness Considerations," *Ecological Economics*, 67(2): 162—174.

Pagiola, S., Arcenas, A., Platais, G., 2005, "Can Payments for Environmental Services Help Reduce Poverty? An Exploration of the Issues and the Evidence to Date from Latin America," *World Development*, 33(2):237—253.

Pagiola, S., Bishop, J., Landell-Mills, N. (Eds.), 2002, "*Selling Forest Environmental Services. Market-based Mechanisms for Conservation and Development*," Earthscan, London.

Pagiola, S., Platais, G., 2006, "Payments for Environmental Services: From Theory to Practice," Washington: World Bank.

Pagiola, S., Ramirez, E., Gobbi, J., et al., 2007, "Paying for the Environmental Services of Silvopastoral Practices in Nicaragua," *Ecological Economics*, 64(2):374—385.

Pearce, D., Turner, R., 1990, *Economics of Natural Resources and the Environment. Harvester*, Johns Hopkins University Press, New York/London.

Perez, C., Roncoli, C., Neely, C., et al., 2007, "Can Carbon Sequestration Markets Benefit Low-income Producers", *Agricultural Systems*, 94(1):2—12.

Persson, U. M., Alpizar, F., 2013, "Conditional Cash Transfers and Payments for Environmental Services: A Conceptual Frameword for Explaining and Judging Differences in Outcomes," *World Development*, 43(3):124—137.

Petheram, L., Campbell, B. M., 2010, "Listening to Locals on Payments for Environmental Services," *Journal of Environmental Management*, 91(5):1139—1149.

Pfaff, A., Robalino, J., Sanchez-Azofeifa, G. A., 2008, "*Payments for Environmental Services: Empirical Analysis for Costa Rica*". Duke University.

Pham, T. T., Campbell, B. M., Garnett, S., 2009, "Lessons for Pro-poor Payments for Environmental Services: An Analysis of Projects in Vietnam," *The*

Asia Pacific Journal of Public Administration，31(2)：117—133.

Postel，S. L.，Thompson，B. H.，2005，"Watershed Protection：Capturing the Benefits of Nature's Water Supply Services," *Natural Resources Forum*，29(2)，98—108.

Robalino，J.，et al.，2008，"Deforestation Impacts of Environmental Services Payments：Costa Rica's PSA Program 2000—2005"，Environments for Development Discussion Paper Series.

Robert，C.，et al.，2017，"Twenty Years of Ecosystem Services：How Far Have We Come and How Far Do We Still Need to Go?" *Ecosystem Services*，28，1—16.

Ruhl，J. B.，et al.，2007，*The Law and Policy of Ecosystem Services*，Washington，Island Press，Washington，D.C.

Ruhl，J. J.，Salzman，J.，2020，"A Global Assessment of the Law and Policy of Ecosystem Services," *University of Queensland Law Journal*，39(3)，503—524.

Salzman，J.，et al.，2018，"The Global Status and Trends of Payments for Ecosystem Services Programs," *Nature Sustainability*，1(March)，136—144.

Schomers，S.，Matzdorf，B.，2013，"Payments for Ecosystem Services：A Review and Comparison of Developing and Industrialized Countries," *Ecosystem Services*，6：16—30.

Sierra，R.，Russman，E.，2006，"On the Efficiency of Environmental Service Payments：A Forest Conservation Assessment in the Osa Peninsula，Costa Rica," *Ecological Economics*，59(1)：131—141.

Skinner，C. P.，2021，Central banks and climate change，Vanderbilt Law Review，74，1301.

Steed，B. C.，"Government Payments for Ecosystem Services-lessons from Costa Rica," *Journal of Land Use & Environmental Law*，2007，23(1)：177—202.

Stelzenmüller，V.，et al.，2013，"Practical Tools to Support Marine Spatial Planning：A Review and Some Prototype Tools," *Marine Policy*，38，214—227.

Stevens，B.，Rose，A.，2002，"A Dynamic Analysis of the Marketable Permits Approach to Global Warming Policy：A Comparison of Spatial and Temporal Flexibility," *Journal of Environmental Economics and Management*，44，45—69.

Su，R.，Zhao，X.，Cheng，H.，2019，"Mechanism and Path Analysis of Green

Finance Supporting the Development of Green Industry," *Finance Account*, 11:153—158.

Tacconi, L., 2012, "Redefining Payments for Environmental Services," *Ecological Economics*, 73(15):29—36.

Takasaki, Y., Barhan, B. L., Coomes, O. T., 2001, "Amazonian Peasants, Rain Forest Use, and Income Generation: The Role of Wealth and Geographical Factors," *Society and Natural Resources*, 14(4):291—308.

Thompson, B. H., 2008, "Ecosystem Services and Natural Capital: Reconceiving Environmental Management," *17 N. Y. U. Environmental Law Journal*, 460, 465.

Vatn, 2010, "An Institutional Analysis of Payments for Environmental Services," *Ecological Economics*, 69(6):1245—1252.

Wang, Y., Qiang, Z., 2016, "The Role of Green Finance in Environmental Protection: Two Aspects of Market Mechanism and Policies," *Energy Procedia*, 104:311—316.

World Bank, 2023, State and Trends of Carbon Pricing 2023.

Wunder, S., 2005, "*Payments for Environmental Services: Some Nuts and Bolts*," CIFOR Occasional Paper.

Wunscher, T., Engel, S., 2012, "International Payments for Biodiversity Services: Review and Evaluation of Conservation Targeting Approaches," *Biological Conservation*, 152:222—230.

Zabel, A., Roe, B., 2009, "Optimal Design of Pro-conservation Incentives," *Ecological Economics*, 69(1):126—134.

图书在版编目(CIP)数据

"双碳"目标下推进上海建立市场化生态保护补偿机
制研究 / 李海棠著. -- 上海:上海人民出版社,2024.
(上海社会科学院重要学术成果丛书). -- ISBN 978-7
-208-19050-4

Ⅰ. X321.251

中国国家版本馆 CIP 数据核字第 2024NX9483 号

责任编辑　史桢菁
封面设计　路　静

上海社会科学院重要学术成果丛书·专著

"双碳"目标下推进上海建立市场化生态保护补偿机制研究
李海棠 著

出　　版　上海人民出版社
　　　　　（201101　上海市闵行区号景路 159 弄 C 座）
发　　行　上海人民出版社发行中心
印　　刷　上海新华印刷有限公司
开　　本　720×1000　1/16
印　　张　14.5
插　　页　4
字　　数　189,000
版　　次　2024 年 9 月第 1 版
印　　次　2024 年 9 月第 1 次印刷
ISBN 978 - 7 - 208 - 19050 - 4/C·720
定　　价　72.00 元